〈최신 컬러 화보〉

홈패션

알뜰한 살림과 취미를 동시에 이룰 수 있는 寶庫!!

주부들이 직접 만든 소품을 촬영하여 소개한 해설판!!

편집부편

① 피크닉 케이스는 누구나 조금의 정성만 보태면 거뜬히 만들 수 있다.

재미있게 만들자 !
② 백, ③ 백, ④ 배낭,⑤ 작
은 물건 넣는 것,⑥⑦ 케이
이스
3
2

4
5
6
7

테니스를 즐기자

테니스 용품 케이스들

⑧ ⑨ 편리한 주머니
케이스, ⑫ 테니스
라켓 케이스, ⑮ ~
커버, ⑲ 볼 넣는 케

13
14
16
17
15
19
18

⑳～㉔ 편리한 주머니, ㉕ 라켓 케이스, ㉖㉗ 라켓 케이스, ㉘ 테니스 백

머 리 말

홈패션이란 무엇을 말하는가? 말 그대로 가정의 장식(효과적인)을 말한다. 이렇게 말하면 무슨 실내 장식(인테리어)을 말하는 것이냐고 반문할지 모르지만, 그보다는 조금 아기자기한 장식을 말한다.

정확히 말해, 여기에서 다루는 홈패션이라 함은 집안에서 곧잘 사용하는 여러 가지 도구나 재료들을 손쉽게 이용하여 만드는 생활 필수품의 효과적인 재생산을 말한다. 집안을 효과적으로 장식해 주기도 하고, 여러가지 쓸모있게 사용되어지기도 하는 소품들을 만들 수 있는 손쉬운 방법들을 이 책에서는 소개하고 있다.

가정에서 흔히 버리기 쉬운 폐품을 이용하여 보다 신선한 즐거움을 줄 수 있는 새로운 소품으로 만들어내는 아이디어를 이 책은 제공하고 있다. 가정의 주부로서, 또는 미래의 주부로서 알뜰한 삶의 방법을 배울 수도 있는 기회가 될 줄로 믿는다.

모든 사람들이 쓸모없다고 버리는 물건들을 모아서 정말로 쓸모있고 깜찍한 하나의 소품을 만들어내었을 때의 기쁨, 그것은 실로 말로 형언하기 어려운 삶의 환희일 수도 있을 것이다.

이 책은 분명히 당신에게 그와같은 삶의 환희를 만끽하게 해줄 것이다. 작은 것이라도 소중하게 생각하는 당신의 앞날에 행운이 가득하길 빈다.

차례

28
YONEX
22
23
one
24
five

즐기자 여름과 바다

29

30

33

31

35

32

34

36

unity

SPERRY
TOP-

㉙㉚ 썰핑 보드 케이스, ㉛
~㉝ 편리한 주머니, ㉞ ~
㊱ 안경 케이스, ㊲~㊴ ㅂ

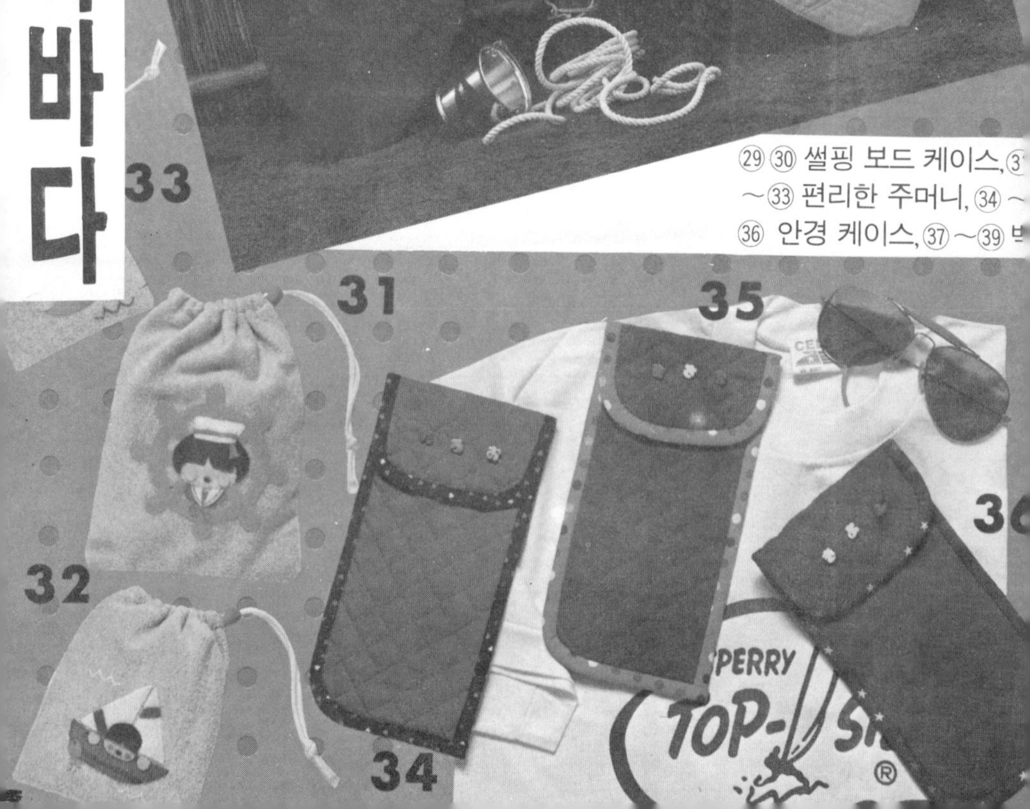

37
38
39

⑩ ~ ⑫ 백, ⑬ ~ ⑮ 포치,
⑯ 편리한 주머니, ⑰ ~ ⑱
드라이어 케이스, ⑲⑳ 지
갑

42
45
46
47

51
GOLF
52
53

할 수 있다! 골프!

⑤① 보스톤 백, ⑤② 클럽 케이스, ⑤③ 햇빛 가리개 모자, ⑤④～⑤⑥ 해드 커버, ⑤⑦ 슈즈 케이스

⑱⑲ 핸드백, ⑳ 캡, ㉑ ~ ㉓ 데이백, ㉔ ~㉖작은 물건 넣는 것.

POCARI
SWEAT
62
63
64
65
66

⑰ 시트 커버, ⑱⑲ 쿠션,
⑳ ~ ㉒ 마스코트

그이와 함께! 드라이브로 즐기는 주말여행!

67

70
71
72
69
68

73
74

⑬⑭ 인형, ⑮ 쿠션, ⑯⑰ 시트 커버, ⑱ 카세트 테이프 케이스

가자! 눈 쌓인 스키장으로

⑦⑨ ⑧⓪ 푸치백, ⑧① ~ ⑧③ 안경 케이스, ⑧④ 모자, ⑧⑤ 모자, ⑧⑥ ⑧⑦ 스키 케이스

⑧⑧ 포시에트, ⑧⑨⑨⓪ 스패츠
⑨① 부츠 케이스, ⑨②~⑨④ 포
시에트

2
3
4
NOW
MAN

⑮⑯ 스케이트 넣는 것,⑰~⑩① 포시에트, ⑩②~⑩⑤ 데이백

02
03
Y
K
CAND
04
05
H
00
01
9

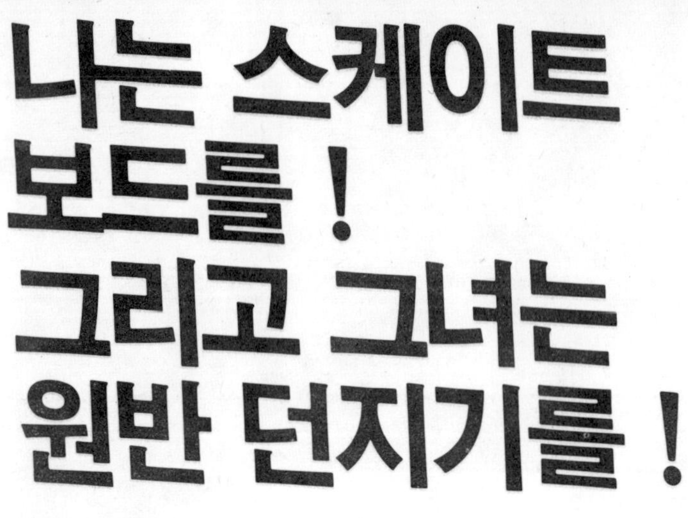

⑯⑰ 스케이트 보드 케이스, ⑱ 데이백, ⑲⑳ 원반 던지기 케이스, ⑪⑫ 롤러 스케이트 백, ⑬⑭ 편리 주머니

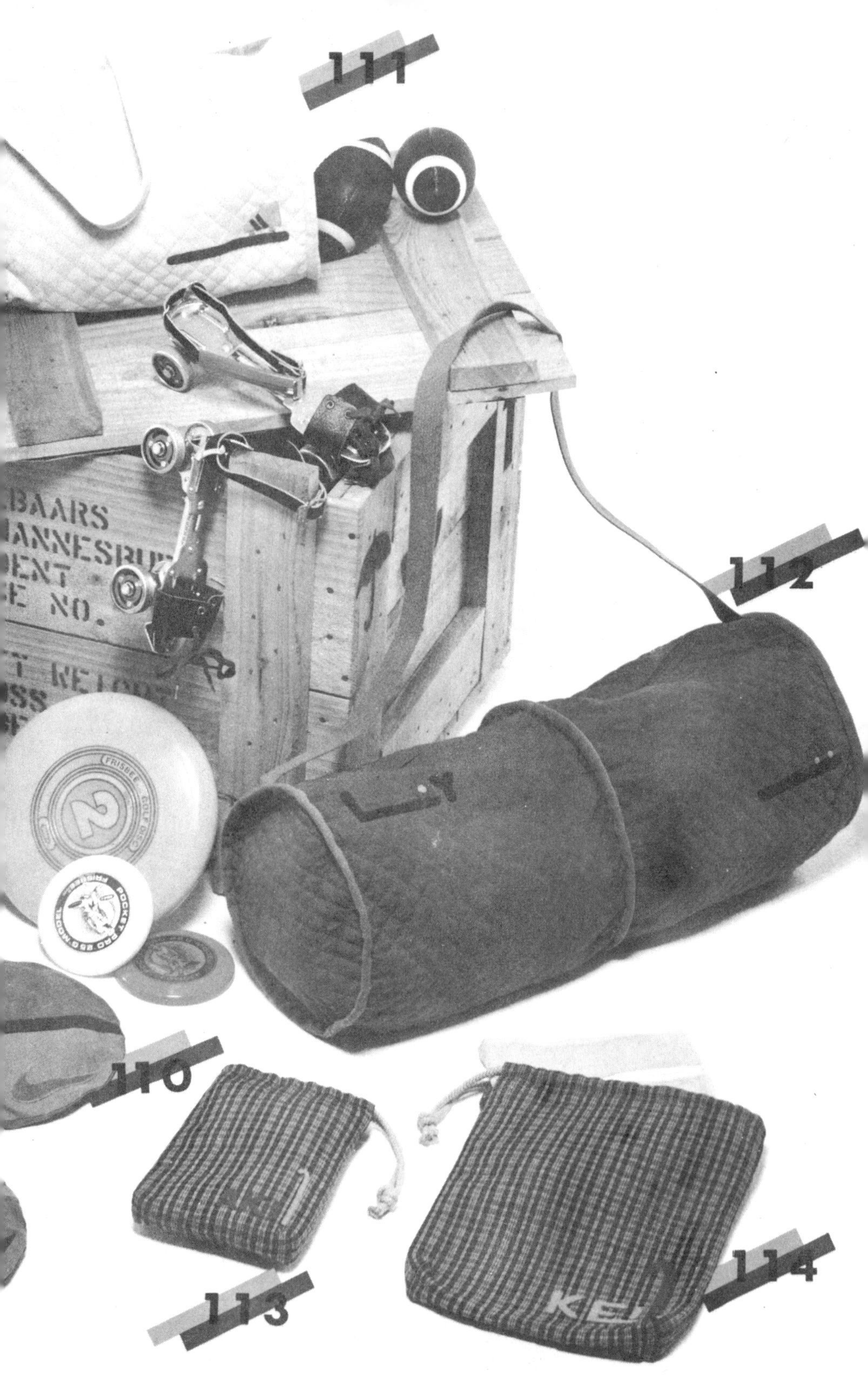
111
112
110
113
114

그이에게 멋진 선물을! 평상

잊히지 않는 멋진 추억을!

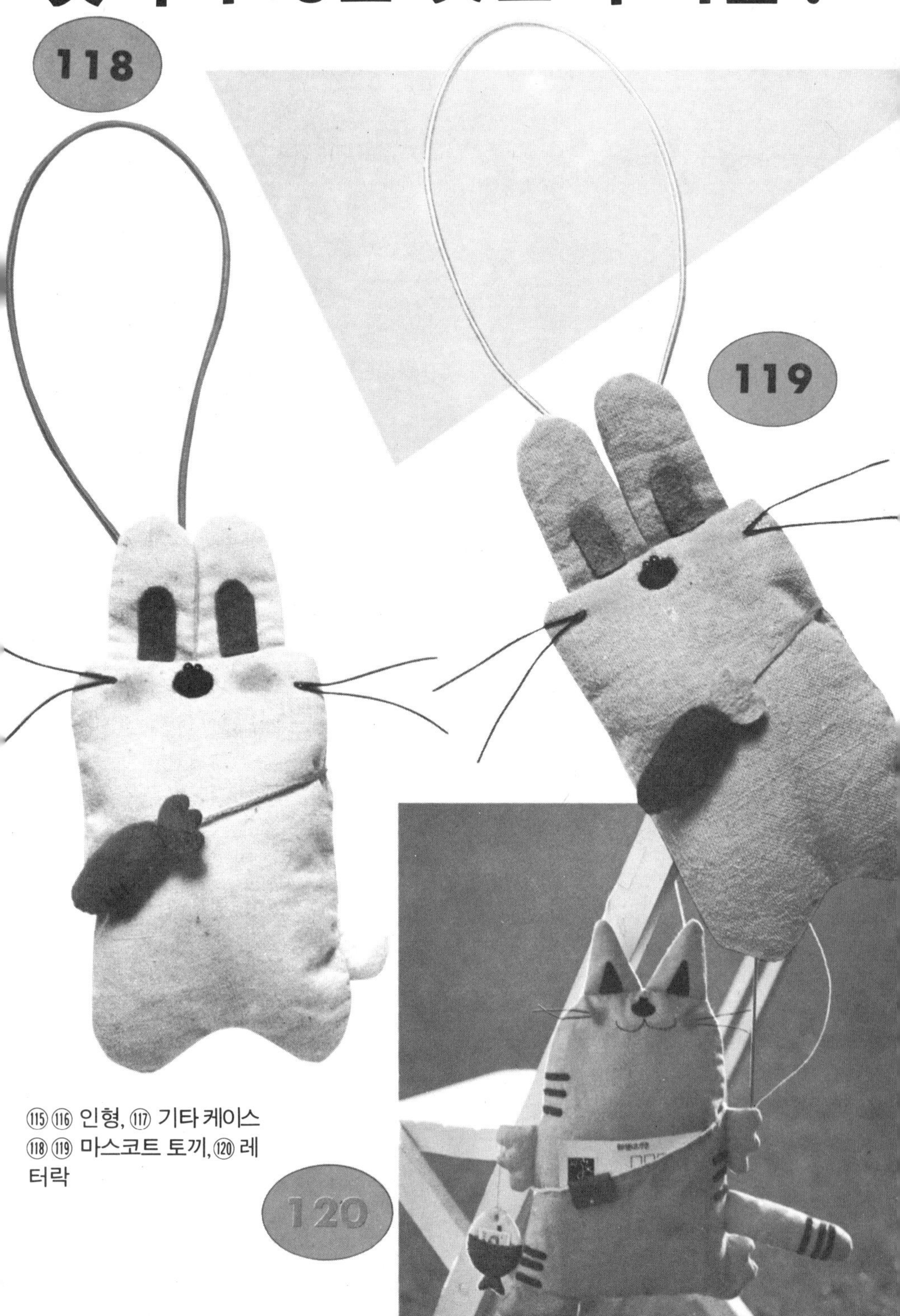

(115)(116) 인형, (117) 기타 케이스 (118)(119) 마스코트 토끼, (120) 레터락

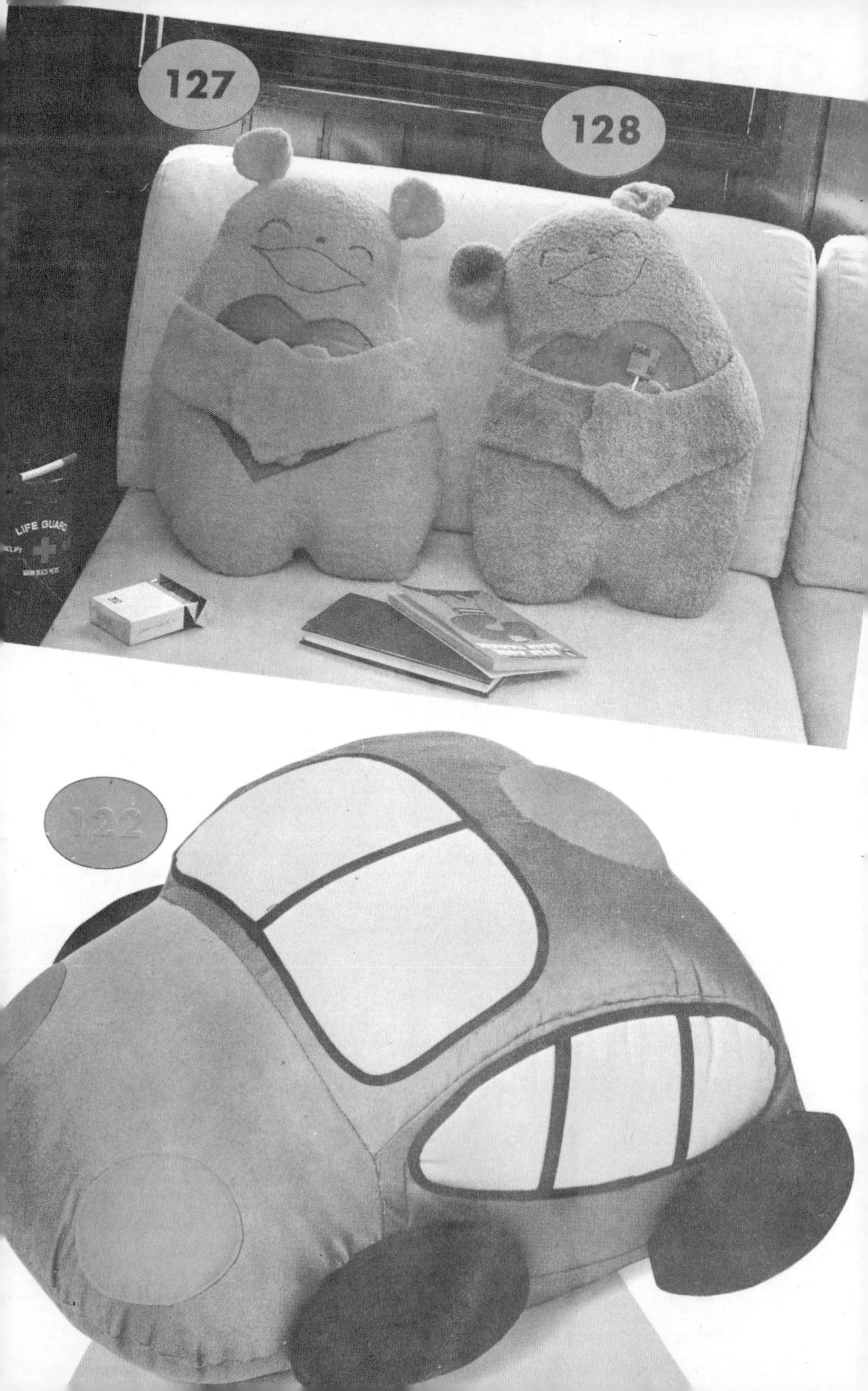
127
128
LIFE GUARD
122

(121) (122) 쿠션, (123) (124) 백, (125)(126) 포치, (127) (128) 쿠션

⑫9 ~ ⑬1 편리한 주머니, ⑬2 백

누구나 손쉽게 만들 수 있는

홈패션의 실제

①피크닉 케이스

만드는 방법

① 천을 재단한다.

② 와펜은 엷은 갈색을 토대로 하여 아프리케를 하고 주위를 파이핑한다.

③ 바대에 퍼스너를 붙이고 손잡이도 붙인다.

④ 바닥과 바대를 안으로 들어가게 재켜 꿰매 맞추고, 겉으로 뒤집어 스티치로 누른다.

⑤ 앞쪽과 바대 사이에 파이핑 코드를 끼워 꿰매 맞춘다 (뒷쪽도 마찬가지로 꿰매 맞춘다).

⑥ 포켓 입구를 꿰매 안감에 붙이고(간막이를 붙인다), 보드지에 얹어 접은 분을 본드로 붙인다.

또 한장의 보드지에는 안감천 접은분을 붙이고 고무 테이프로 양끝을 붙인다.

⑦ 와펜을 앞쪽에, 면테이프를 바닥에 감쳐 붙이고, ⑥을 그림과 같이 백 안쪽에 감쳐 붙인다.

퀼팅천 재단법

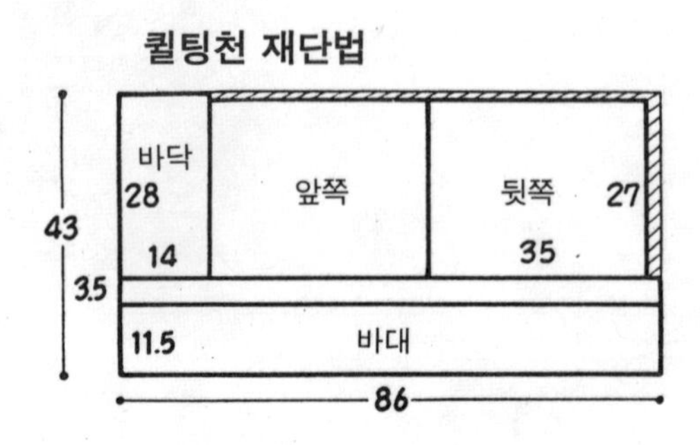

치수와 꿰매는 방법

※(　)안의 치수를 붙여 재단한다.

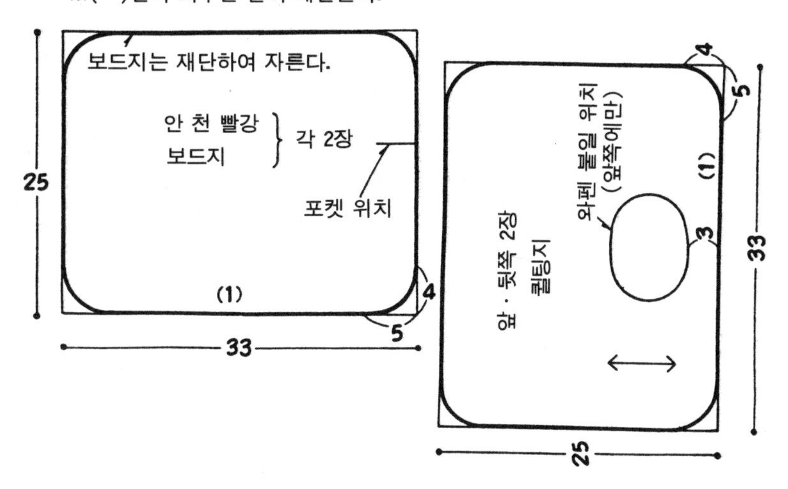

재료 (단위 : cm)

앞· 뒤쪽, 바닥, 바대		퀼팅지	86×43
안천		빨간 브로드	70×27
포켓		블루 브로드	35×18.5
손잡이, 바닥 보강용		폭 3cm의 면테이프	84cm
보드지			33×50cm
폭 0.3cm의 빨간 파이핑 코드			230cm
폭 0.8cm의 블루 고무 테이프			35cm
81cm의 빨간 퍼스너			1개
와펜	펠　트	엷은 갈색, 블루 그레이, 물색, 황녹색, 크림색, 청색	각각 조금
와펜	폭 1.2cm의 빨간 바이어스테이프		28cm
와펜	청색 비즈(beads)		1 개
본　드			

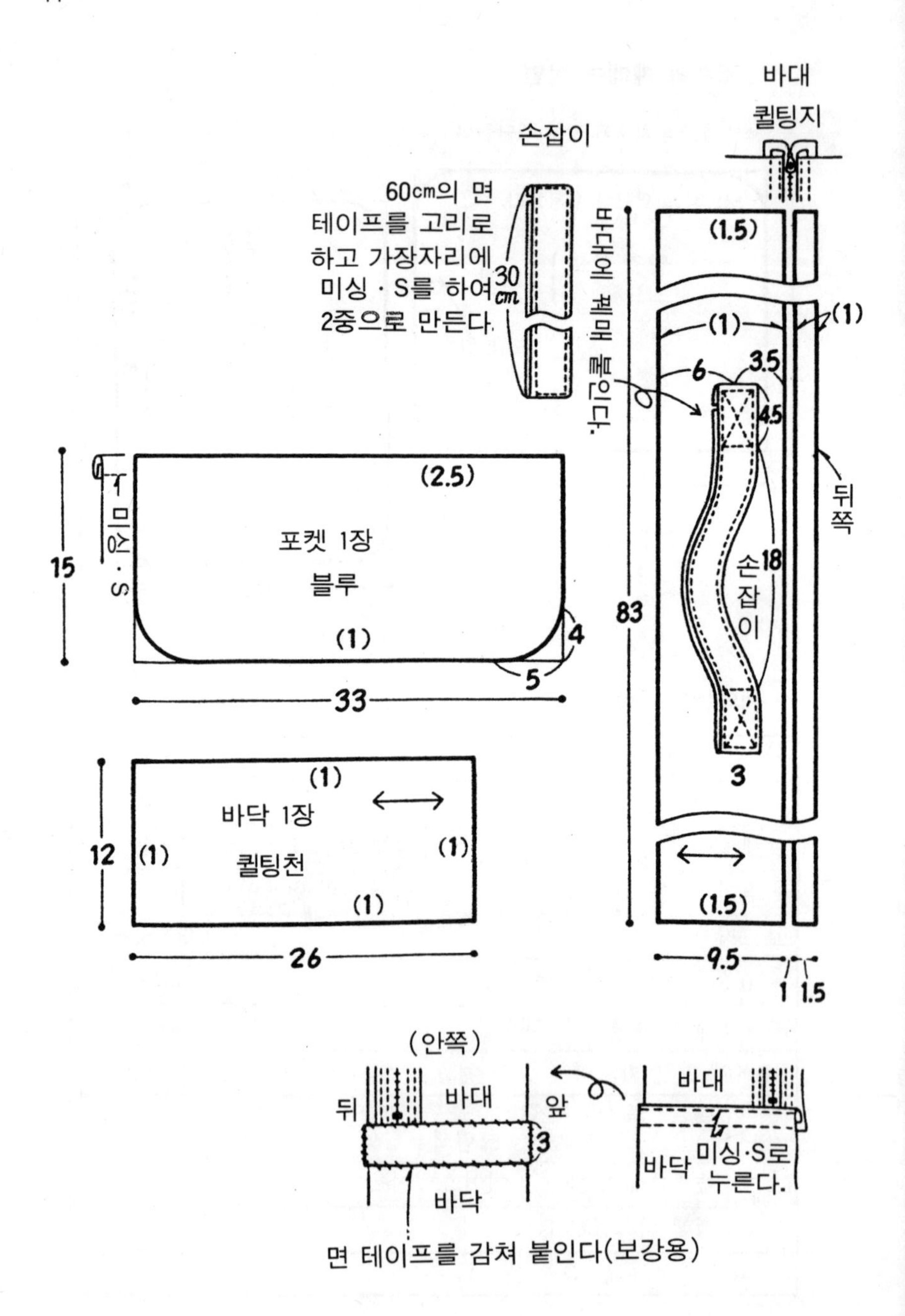
손잡이
60cm의 면 테이프를 고리로 하고 가장자리에 미싱 · S를 하여 2중으로 만든다.
30cm
바대
퀼팅지
바대에 꿰매 붙인다.
(1.5)
(1)
(1)
6
3.5
4.5
18
손잡이
3
83
(1.5)
9.5
1
1.5
뒤쪽
미싱 · S
(2.5)
포켓 1장
블루
15
(1)
4
5
33
(1)
바닥 1장
퀼팅천
12
(1)
(1)
(1)
26
(안쪽)
뒤
바대
앞
3
바닥
바대
바닥
미싱·S로 누른다.
면 테이프를 감쳐 붙인다(보강용)

와펜의 도안

실물 크기 ※ 펠트 재단하여 자른다.

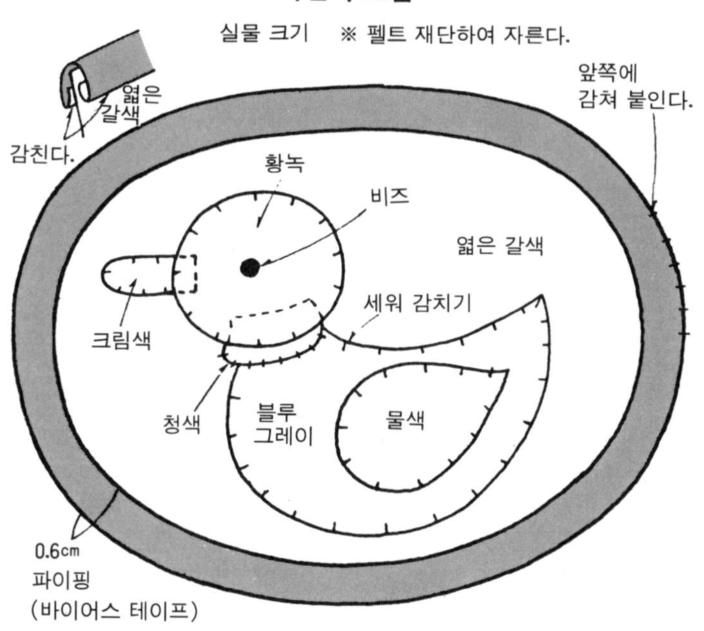

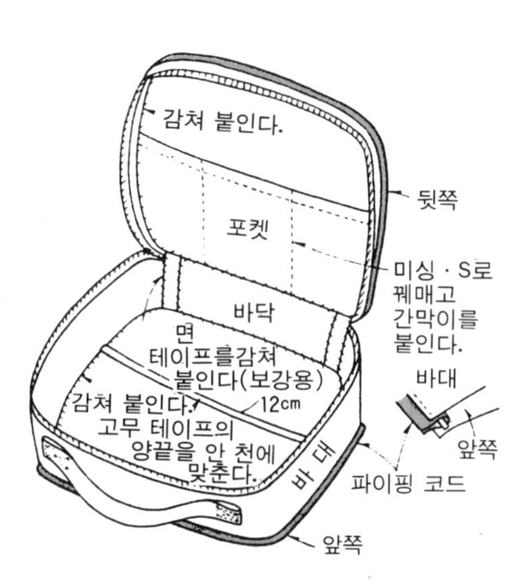

② 백

재　료(단위 cm)

토대천		황색의 캠버스	90×106
포켓	안감		
	겉감	백색과 황색의 스트라이프 목면	30×27
손잡이		폭 3cm의 흰색 벨트	300cm
두께 2.5cm의 스폰지			30×25
와펜	펠트	엷은 갈색, 흰색, 그레이, 크림색	각각조금
	블루의 비즈		1개
	폭 1.2cm의 황색 바이어스 테이프		30cm
	25번 자수실, 황색 조금		

와펜의 도안

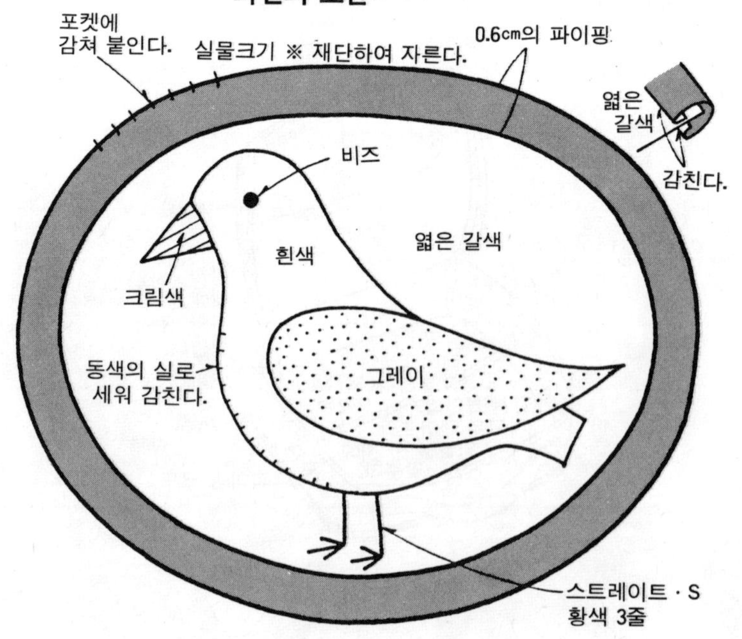

치수와 꿰매는 방법

※토대천 입구 이외 꿰맴분 1cm 붙여 재단한다.

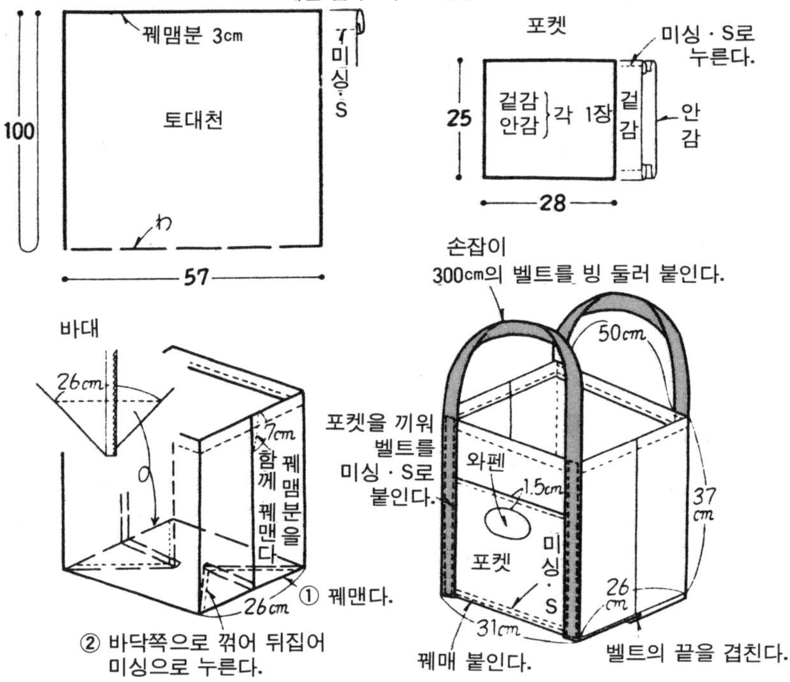

만드는 방법

① 천을 재단한다.

② 와펜은 엷은 갈색을 토대로 하여 아프리케 하고, 가장자리를 바이어스 테이프로 파이핑한다.

③ 포켓의 겉감과 안감을 안으로 들어가게 개켜 맞추어 상하를 꿰매고, 겉으로 뒤집어 스티치로 누른다.

④ 토대천을 안으로 들어가게 개켜 합쳐서 양끝을 꿰매 맞추고, 바대를 꿰매 바닥쪽으로 꺾고 미싱·S로 누른다.

⑤ 포켓을 붙이면서 벨트를 바닥에서 손잡이에 연결시키고 빙 둘러 꿰매 붙인다.

⑥ 와펜을 포켓에 감쳐 붙인다.

⑥⑦ 케이스

재　료(단위 cm)

		⑥	⑦
겉감, 포켓	깅감 체크 90×80	빨강과 흰　색	황색과 흰　색
안감, 뚜껑	캠버스 90×70	빨　강	황　색
직경 0.5cm의 면코드 140cm		빨　강	황　색
내경 0.6cm의 간막이		각 6개	

깅감 체크 재단법

치수와 꿰매는 방법

※(　)안의 꿰맴분을 붙여 재단한다.

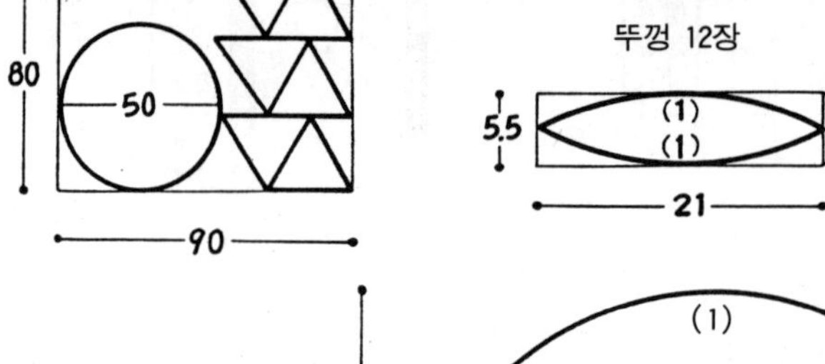

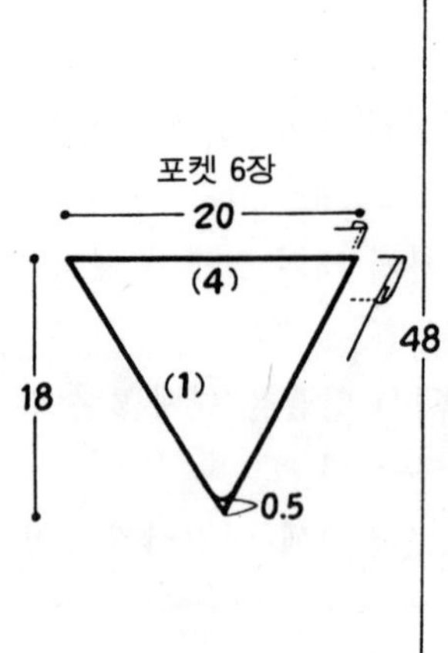

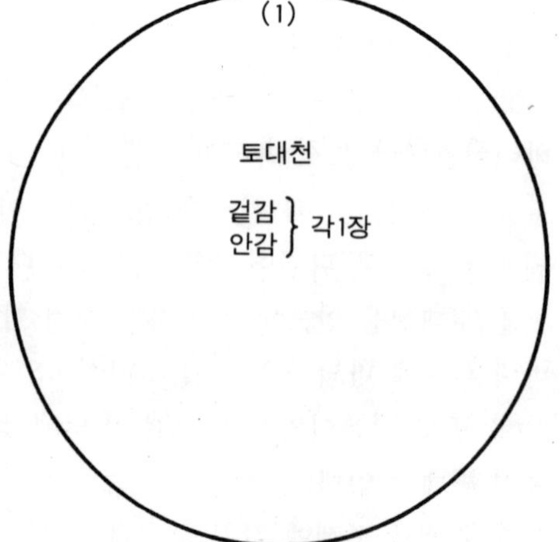

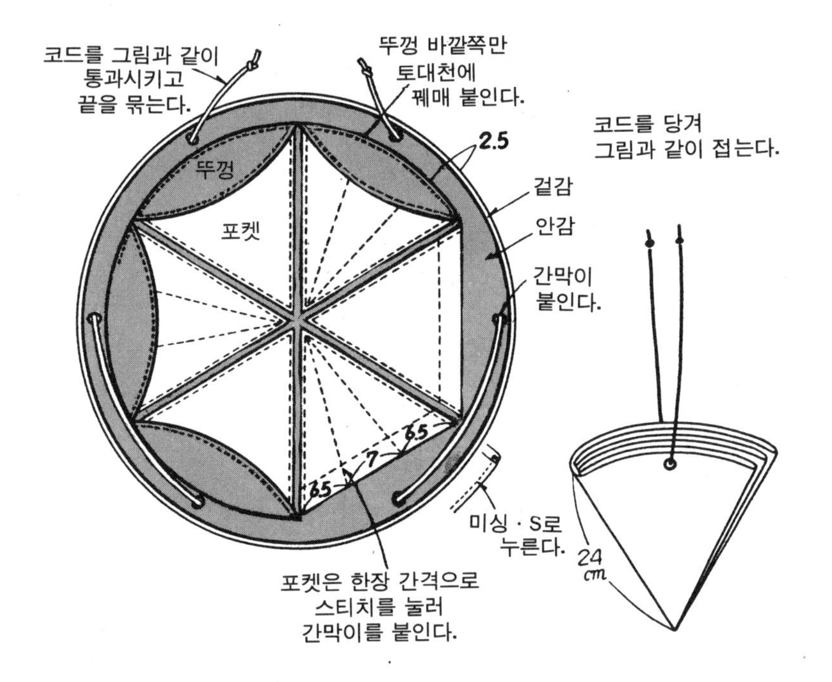

만드는 방법

① 천을 재단한다.

② 포켓의 입구를 꺾어 뒤집어 꿰매고 토대천의 안감에 미싱 · S로 붙인다(1장 걸러 그림과 같이 스티치로 눌러 간막이를 만든다).

③ 뚜껑은 안으로 들어가게 개켜 2장 맞춰 한쪽을 남기고 꿰매고, 겉으로 뒤집어 아래쪽만 스티치를 하고, 윗쪽을 토대천의 안쪽에 꿰매 붙인다.

④ 겉감 · 안감을 안으로 들어가게 개키고, 뒤집을 부분만 남기고 가장자리를 꿰매고, 겉으로 뒤집어 미싱 · S로 누른다.

⑤ 간막이를 붙이고, 코드를 통과시켜 그림과 같이 접는다.

⑧⑨ 편리한 주머니

만드는 방법

① 천을 재단한다.

② 겉감에 아프리케한다.

③ 틈을 남기고 겉감, 안감을 각각 주머니로 꿰맨다.

④ 2장을 겹쳐 틈을 감치고, 입구를 접어 뒤집어 끈 넣을 곳을 꿰맨다.

⑤ 끈을 넣고 끝을 한번 묶는다.

아프리케 도안

실물크기

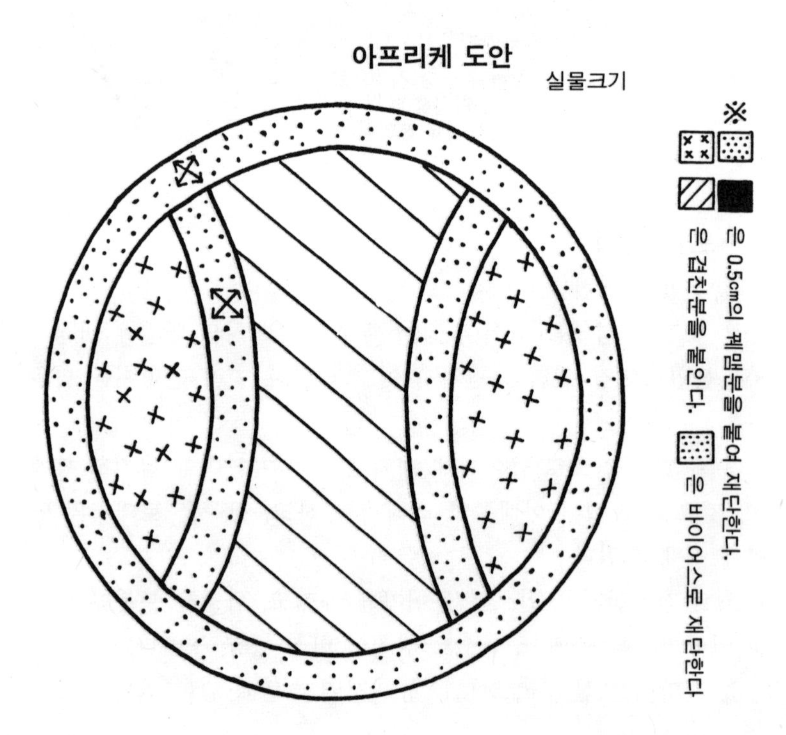

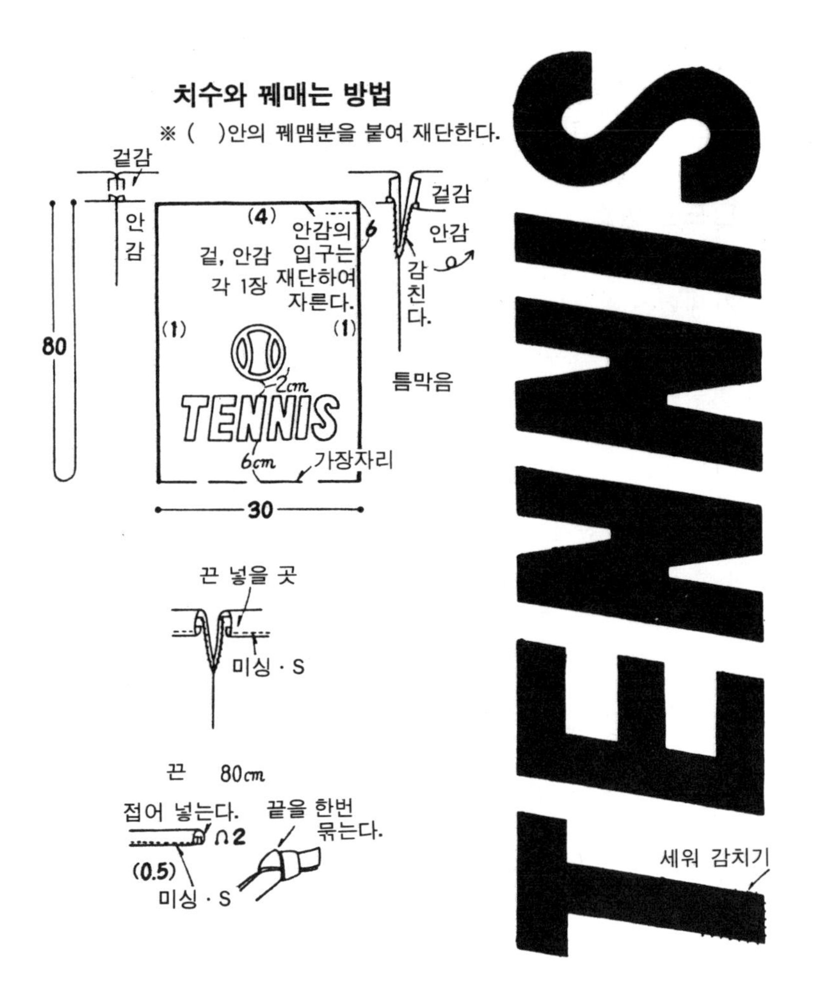

재료

겉감, 끈	깅감 체크	빨강 88×35	그레이 88×35
안감	목면	빨강 80×32	그레이 80×32
아프티케용 목면		감색 30×30	빨강 30×10
			감색 25cm 각
		감색 체크 조금	빨강 체크 조금
		황색 조금	빨강 조금

⑫ 테니스 백

만드는 방법

① 천을 재단하고, 포켓의 입구에 파이핑한다.

② 와펜은 황색을 토대로 하여 아프리케와 자수를 놓는다.

③위 바대에 퍼스너를 붙이고, 아래 바대와 안으로 들어가게 개켜 맞추어 꿰매고, 겉으로 뒤집어 미싱・S로 누른다.

④ 측면의 앞쪽에 포켓을 겹치고, 바대와 바깥에 맞춰 파이핑한다.

⑤ 뒷쪽도 마찬가지로 바대와 바깥쪽으로 해서 파이핑한다.

⑥ 손잡이와 끈을 꿰매 붙이고, 포켓에 와펜을 감쳐 붙인다.

와펜 도안

실물 크기 ※펠트 재단하여 자른다.

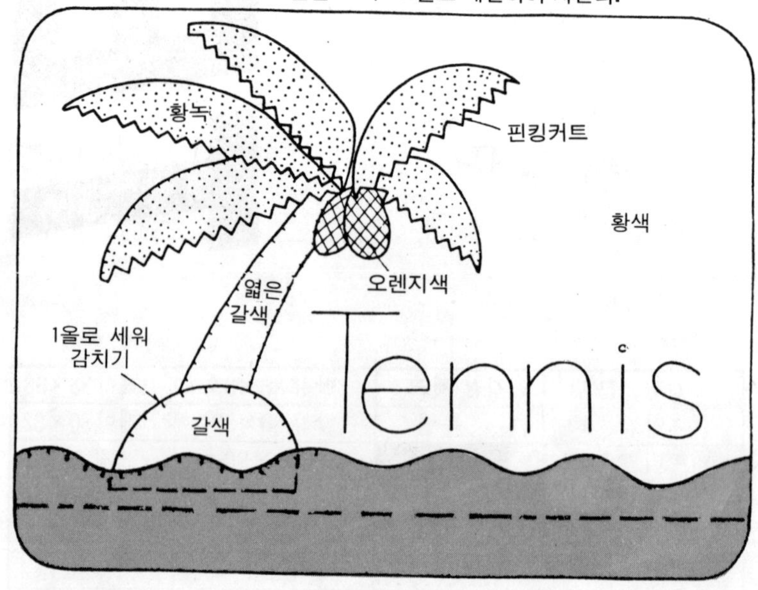

치수와 꿰매는 방법

※(　)안의 꿰맴분을 붙여 재단한다.
◎ 표시는 재단하여 자른다.

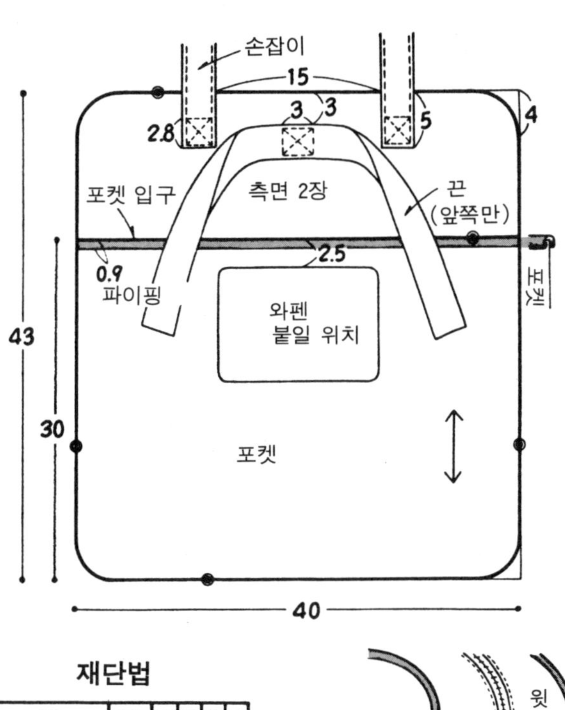

재단법

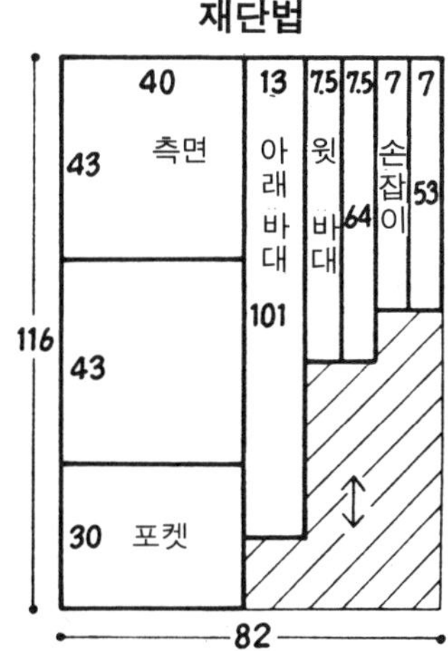

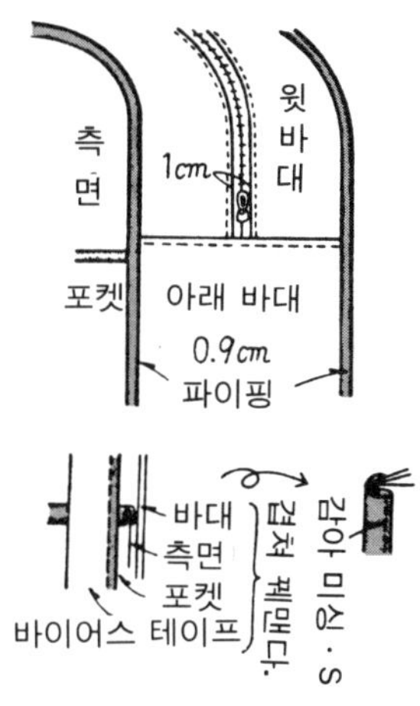

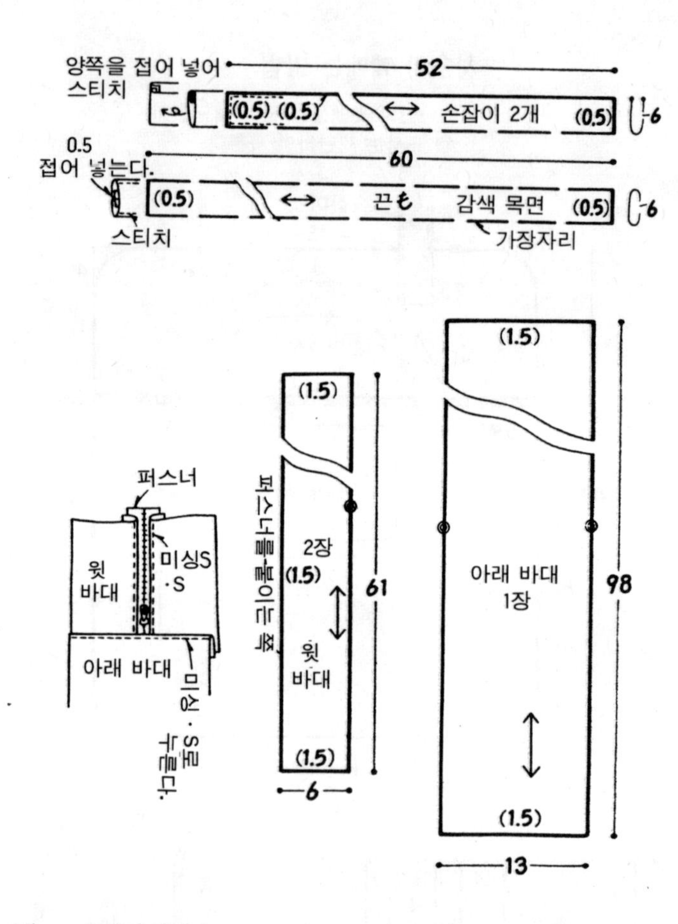

재　　료(단위 cm)

<table>
<tr><td colspan="2">감색 퀼팅지</td><td>82×116</td></tr>
<tr><td colspan="2">감색 목면</td><td>7×61</td></tr>
<tr><td colspan="2">폭 1.8cm의 감색 바이어스 테이프</td><td>380cm</td></tr>
<tr><td colspan="2">60cm의 감색 퍼스너</td><td>1개</td></tr>
<tr><td rowspan="2">와
펜</td><td>펠트 각 조금</td><td>황색, 블루, 황녹, 엷은 갈색, 갈색, 오렌지색</td></tr>
<tr><td>25번 자수실 조금</td><td>흰　색</td></tr>
</table>

㉕ 라켓 케이스

재　료(단위 cm)

겨자색의 퀼팅지		78×113
폭 1.8cm의 엷은 갈색의 바이어스 테이프		350cm
아프리케용 펠트	등색	15×15
	올리브 그린 갈색, 짙은 갈색	각각 조금
25번 자수실 빨강, 흰색		조　금
60cm의 짙은 갈색 퍼스너		1개

치수와 꿰매는 방법

※(　)의 꿰맴분을 붙여 재단한다.
바대의 꿰맴분은 지그재그로 꿰매 정리한다.

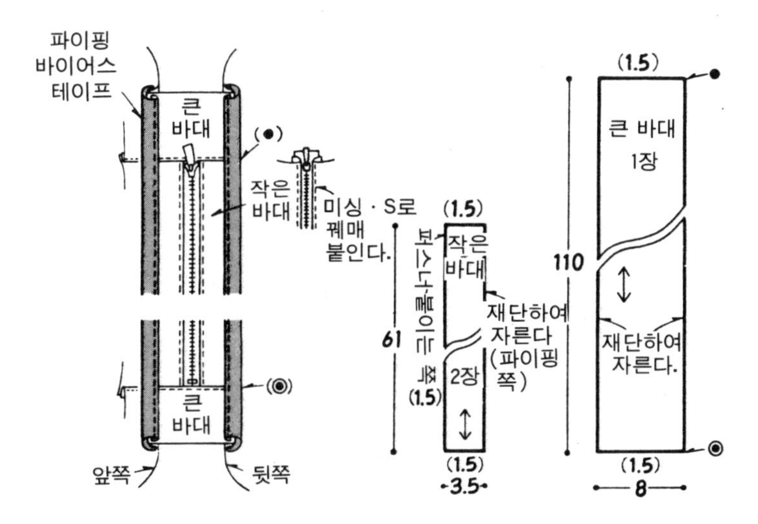

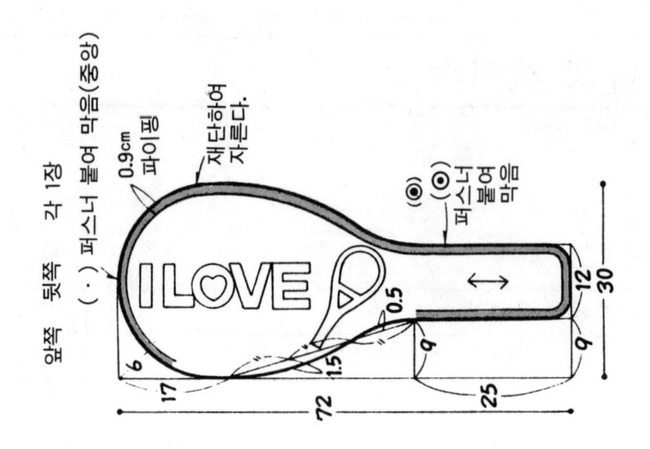

만드는 방법

① 천을 재단하고, 바대의 꿰맴분을 지그재그로 꿰매 정리한다.

② 앞쪽에 아프리케와 자수를 놓는다.

③ 작은 바대에 퍼스너를 꿰매 붙이고, 더욱 큰 바대와 꿰매 맞춘다.

④ 바대와 앞쪽을 바깥으로 하여 파이핑하고, 뒷쪽도 마찬가지로 해서 꿰맨다.

㉖㉗ 테니스 라켓

재　료(단위 cm)　　㉖　　㉗

재료	㉖	㉗
두툼한 목면	샌드베이지	코코아색
목면 프린트	각각 조금	
목면 무지 각 조금	아이보리	검　　정
접착심	각각 조금	
폭 1.8cm의 면 테이프 155cm	겨　자　색	갈　　색
30cm의 퍼스너 1개	베이지	코코아색
미싱사(자수실) 각 조금	흰색, 겨자색	

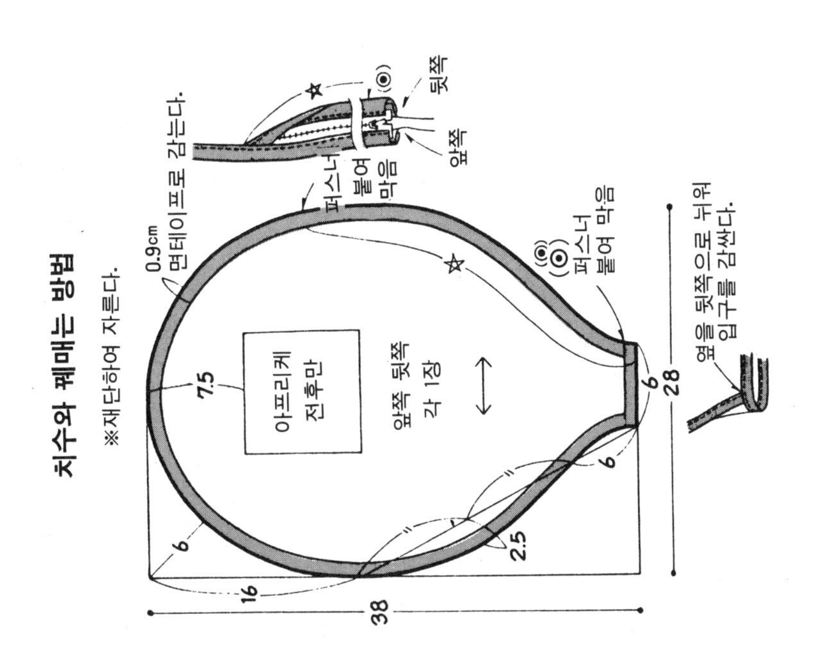

아프리케 도안 실물 크기

※ 안에 접착심을 붙여 재단하여 자른다.

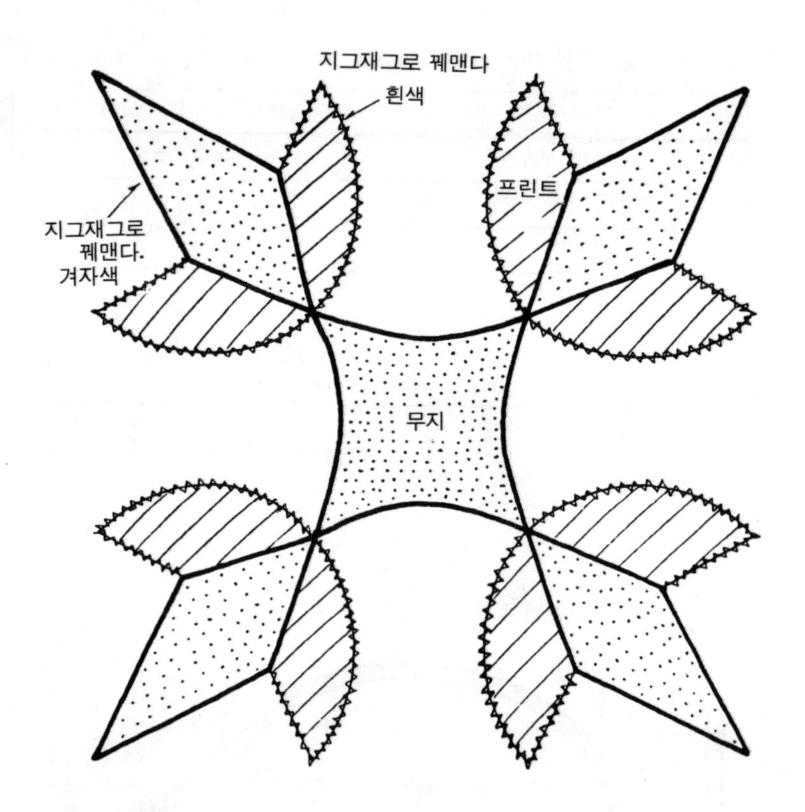

만드는 방법

① 천을 재단한다.

② 아프리케를 미싱으로 박는다.

③ ☆ 표시의 뒷쪽과 퍼스너를 면테이프로 말아 꿰매고, 앞쪽도 마찬가지로 퍼스너를 붙이면서 이어서 전후 함께 면테이프로 말아 꿰맨다.

④ 입구를 면테이프로 감는다.

㉙㉚ 썰핑 보드 케이스

재　료(단위 cm)

		㉙	㉚
퀼팅지		빨강62×450	크림색 90×416
폭 3cm의 벨트		베이지 420cm	오렌지색 420cm
98cm와 40cm의 퍼스너		빨강 각 1개	크림색 각 1개
직경 1cm의 흰색 로우프		230cm	230cm
폭 1. 2cm의 바이어스 테이프		베이지 50cm	
아프리케용 펠트	40cm 각	짙은 갈색	흰색
	20cm 각	흰색, 황녹, 갈색 그린, 터어키 블루	블루, 빨강, 검정, 짙은 갈색, 마틴 블루, 크림색

재단법

※(　)안의 꿰맴분을 붙여 재단한다.
지정 이외는 2cm 붙인다.

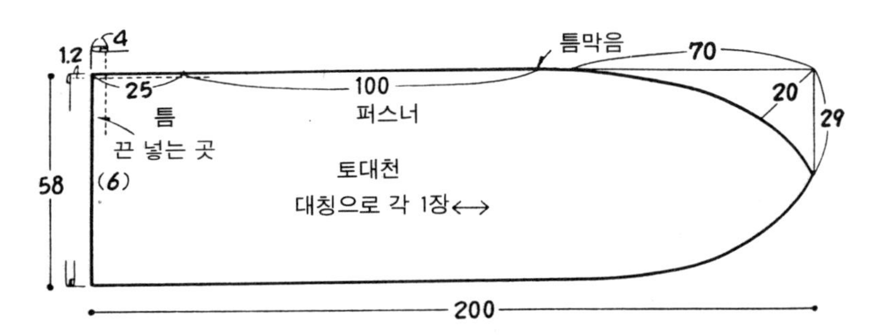

※ 포켓, 아프리케 대는 천은 앞쪽에만
꿰맴분은 지그재그로 꿰매 정리한다.

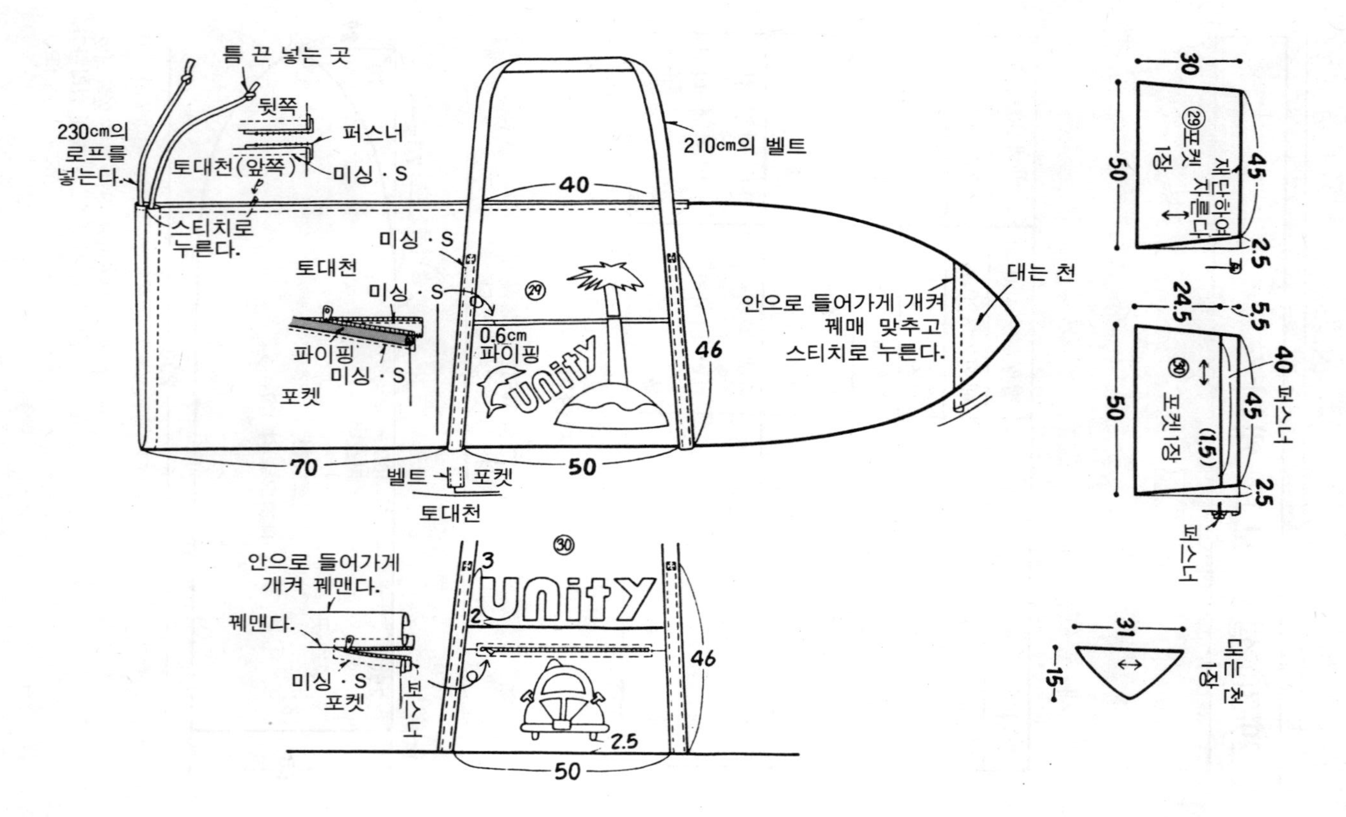

틈 끈 넣는 곳
뒷쪽
230cm의 로프를 넣는다.
퍼스너
토대천(앞쪽)
미싱 · S
210cm의 벨트
40
스티치로 누른다.
미싱 · S
토대천
미싱 · S
㉙
0.6cm 파이핑
파이핑
미싱 · S
포켓
46
안으로 들어가게 개켜 퀘매 맞추고 스티치로 누른다.
대는 천
70
50
벨트
포켓
토대천
㉚
안으로 들어가게 개켜 퀘맨다.
퀘맨다.
미싱 · S
포켓
퍼스너
3
2
46
2.5
50
30
45
㉙포켓 1장
재단하여 자른다
2.5
50
24.5
5.5
40 퍼스너
45
㉚ 포켓1장
(1.5)
2.5
50
퍼스너
31
15
대는 천 1장

아프리케 도안

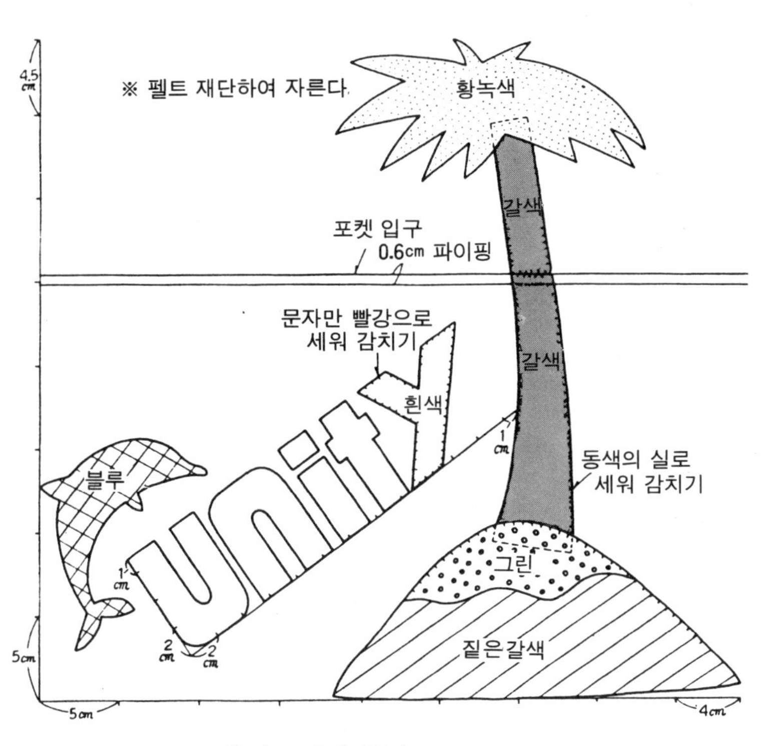

㉚아프리케 도안

※ 펠트 재단하여 자른다

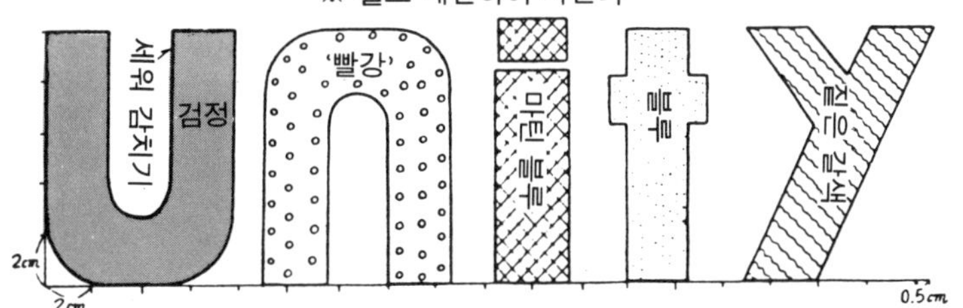

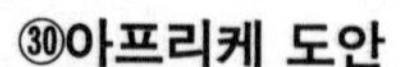

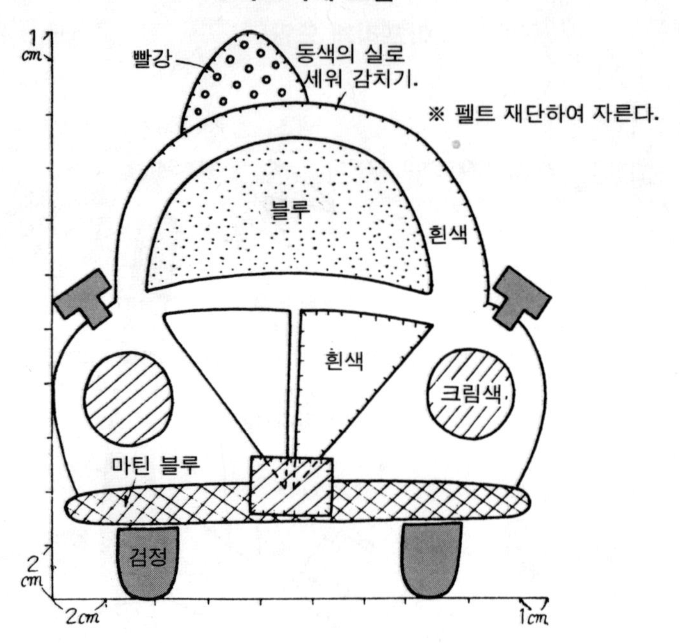

만드는 방법

① 천을 재단한다.

② ㉙는 포켓 입구를 파이핑하여 아프리케하고 퍼스너를 붙인다.

㉚은 포켓에 퍼스너를 붙여 아프리케를 하고, 포켓 상부를 토대천에 꿰매 붙인다.

③ 대는 천을 토대천에 꿰매 붙이고, 벨트 앞, 뒷쪽 따로따로 포켓을 붙이면서 꿰매 붙인다.

④ 토대천을 안으로 들어가게 개켜 틈막이까지 감싸 꿰매고, 퍼스너를 붙이고, 이어서 틈을 스티치로 누른다.

⑤ 입구를 셋으로 접어 스티치를 하고, 끈을 넣어 끝을 묶는다.

㊵ ~ ㊷ 백

만드는 방법

① 천을 재단하고 천 끝을 지그재그로 꿰매 정리한다.

② 앞쪽, 바닥, 뒷쪽의 3장을 종으로 꿰매 맞추고, 겉으로 뒤집어 미싱 · S로 누른다.

③ 안으로 들어가게 접어 끈을 루우프로 해서 끼우고, 양 옆을 꿰맨다.

④ 고리를 끼우고 벨트를 꿰맨다.

⑤ 입구는 꿰맨분을 접고 고리와 벨트를 꿰매면서 정리한다.

⑥ 양옆에 단추를 단다.

치수와 꿰매는 방법

※( )안의 꿰맴분을 붙여 재단한다.
천 끝은 지그재그로 꿰매 정리한다.

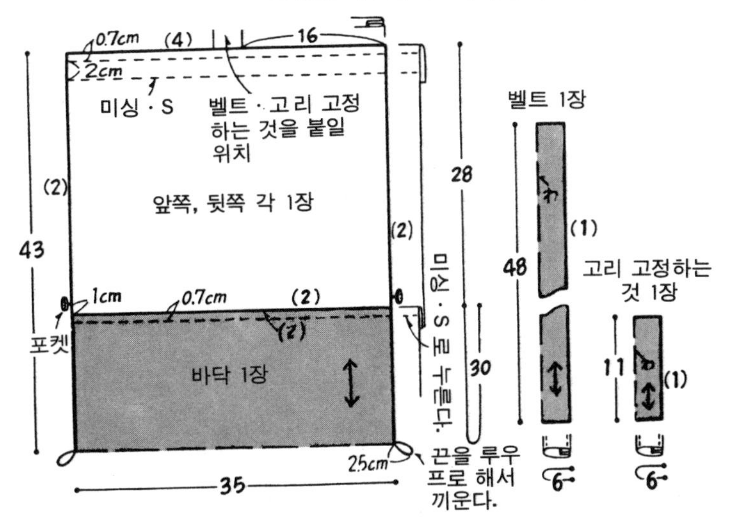

벨트와 고리 고정하는 것을 붙이는 방법

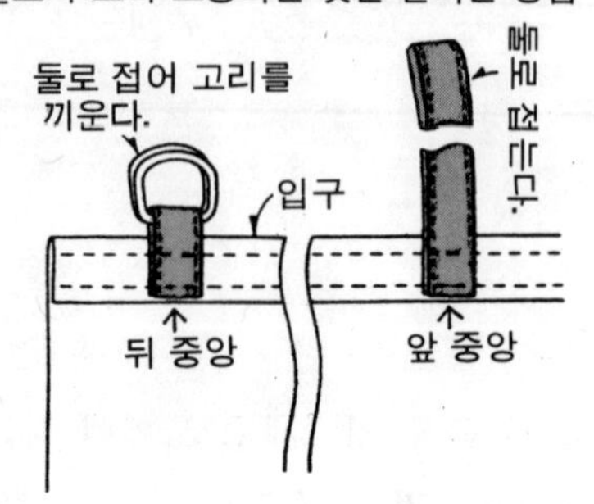

재 료(단위 cm)	㊵	㊶	㊷
캠버스 78×34	베이지	감 색	팥 색
캠버스 47×48	빨 강	겨자색	
직경 1.8cm의 버턴 각 2개	빨 강	엷은갈색	갈 색
내경 3.2cm의 고리	각 2개		
끈(루우프용)	각 20cm		

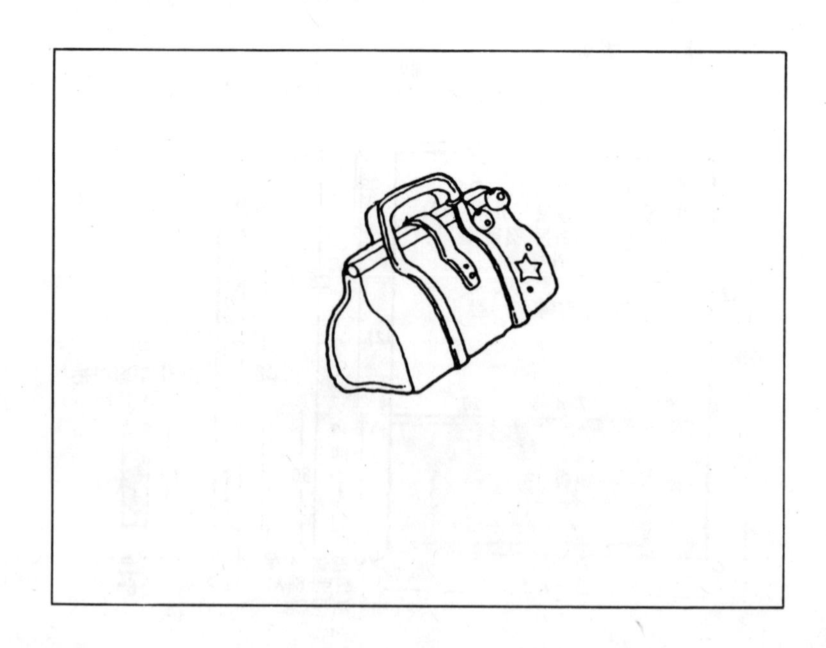

㊻ 편리한 주머니

재　료(단위 cm)

물색 퀼팅천		56×39
아프리게	펠트 각 조금	엷은 갈색, 갈색, 블루, 자주, 그린, 황녹, 흰색, 오렌지색, 크림색, 핑크, 소프트 핑크
	25번 자수실	검정, 흰색 각각 조금
	비즈	검정 2개
	펄 비즈	흰색 3개
직경 0.5cm의 면 코드 90cm 파운드		

치수와 꿰매는 방법

※( ) 안의 꿰맴분을 붙여 재단한다.

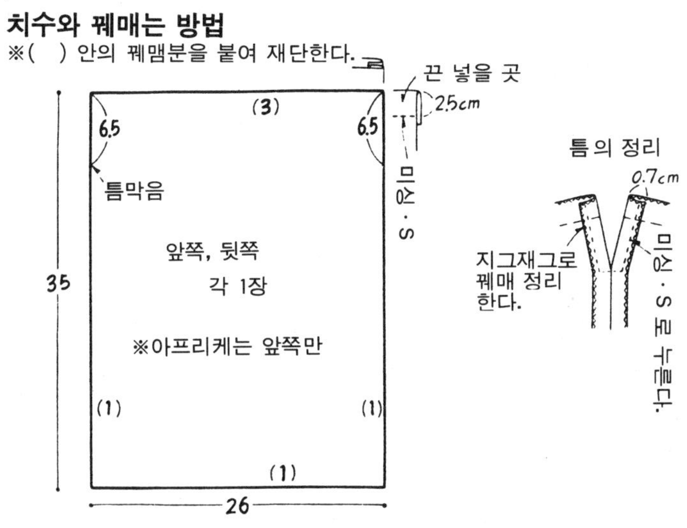

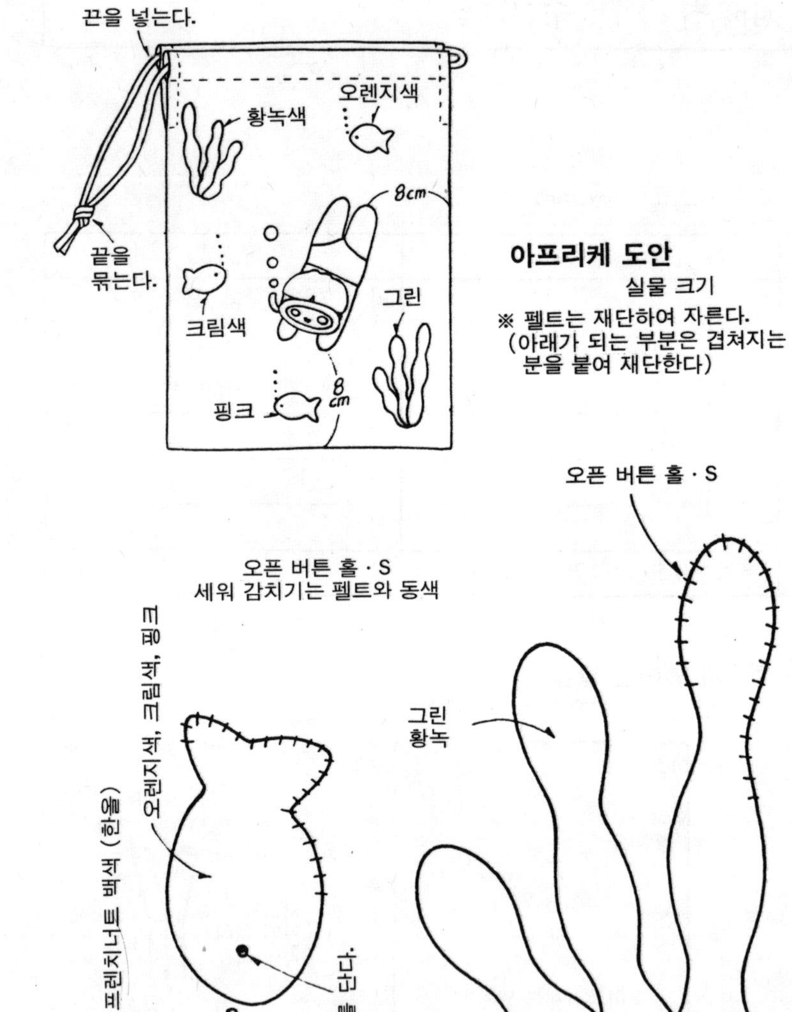

아프리케 도안

실물 크기

※ 펠트는 재단하여 자른다.
(아래가 되는 부분은 겹쳐지는
분을 붙여 재단한다)

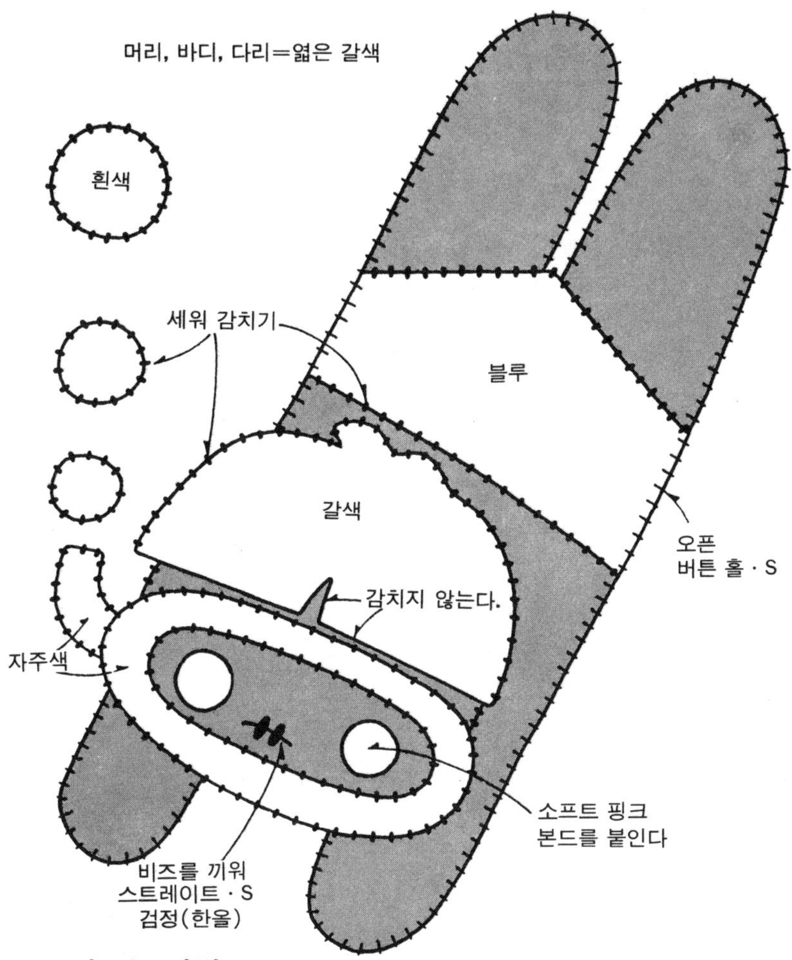

만드는 방법

① 천을 재단하고, 가장자리를 지그재그로 꿰매 정리한다.

② 앞쪽을 아프리케한다.

③ 2장을 안으로 들어가게 개켜 겹치고, 입구와 틈을 남기고 가장자리를 맞춰 꿰맨다.

④ 틈을 미싱 · S로 누르고, 입구를 접고 끈을 꿰맨다.

⑤ 끈을 넣어 끝을 묶는다.

⑤① 보스톤 백

재 료(단위 cm)

토대천 윗바대	그린과 흰색 스폰지의 본딩 가공천	65×72
	그린 에나멜 가공천	90×26
	52cm의 흰색 퍼스너	1개
	폭 2.7cm의 흰색 나일론 테이프	110cm
	파이핑용 중간 굵기 정도의 면사	조금

에나멜천 재단하는 방법

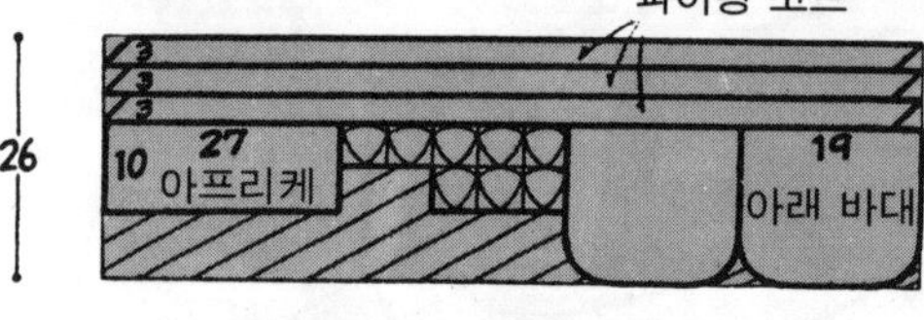

아프리케 도안

※에나멜천 재단하여 자른다.

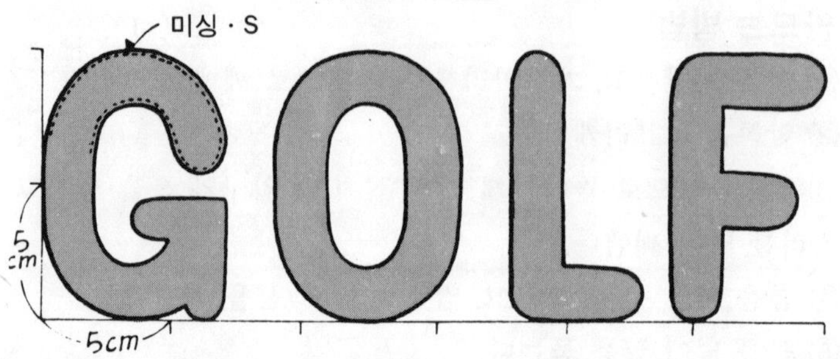

치수와 꿰매는 방법

※( )안의 꿰맴분을 붙여 재단한다.

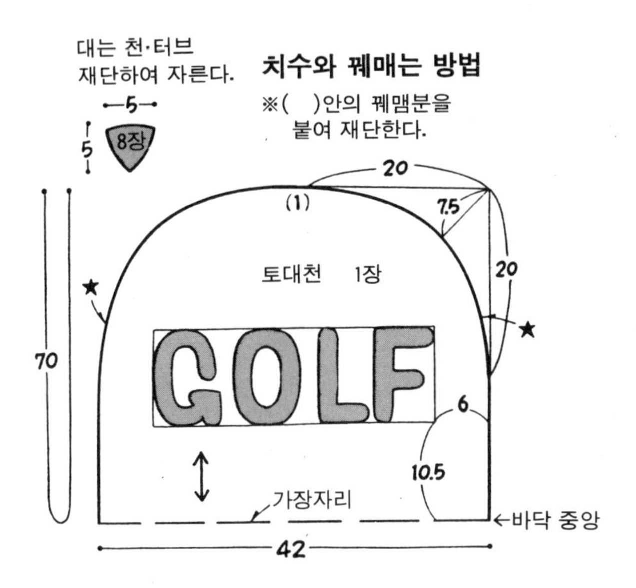

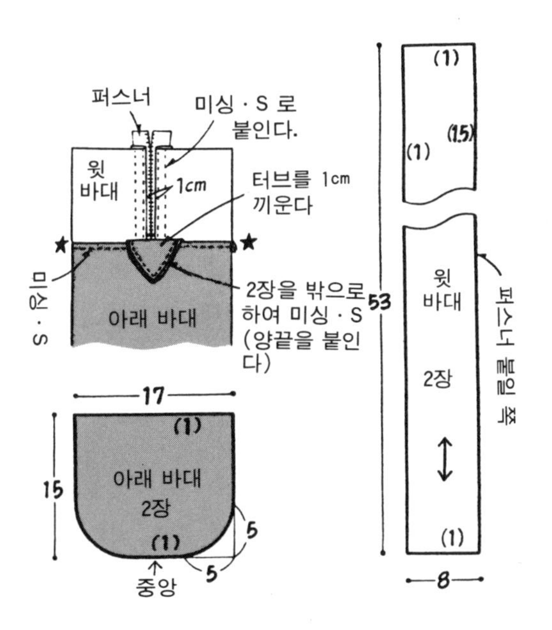

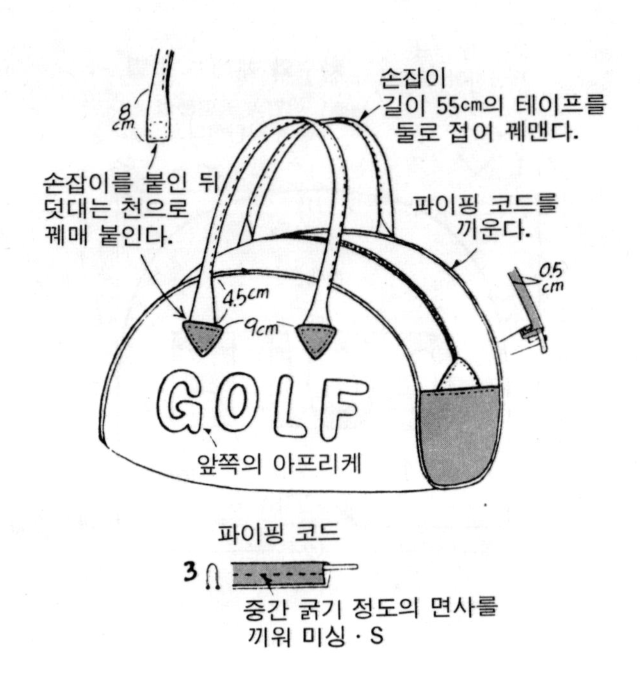

만드는 방법

① 천을 재단한다.

② 토대천의 앞쪽을 미싱 · S로 아프리케한다.

③ 터브는 2장을 바깥으로 맞춰 미싱 · S로 꿰맨다.

④ 윗 바대에 퍼스너를 붙이고, 아래 바대와 안으로 들어가게 개켜 맞춰 터브를 끼워 넣어 맞춰 꿰매고, 겉으로 뒤집어 미싱 · S로 누른다.

⑤ 파이핑 코드를 만들고, 토대천과 ④를 안으로 들어가게 개킨 사이에 파이핑 코드를 끼워 꿰매고, 겉으로 뒤집는다.

⑥ 손잡이는 양끝 8cm를 남기고 둘로 접어 꿰매고, 토대천에 꿰매 붙이고, 또 대는 천을 얹어 꿰맨다.

⑤②⑤③ 클럽 케이스, 햇빛 가리는 모자

재 료(단위 cm) ⑤② 클럽 케이스 ⑤③ 햇빛 가리는 빛 모자

	⑤②		⑤③	
빨강과 흰색 줄무늬의 비닐코팅천	헤 드	46×35	겉천	23×20
그린과 흰색 줄무늬의 비닐코팅천	바 디	87×34	안감	23×20
빨강 에나멜 가공천	바닥, 터브	40×13		
49cm의 흰색 퍼스너	1개			
폭2.7cm의 흰색 나일론 테이프	152cm		65cm	
폭2.5cm의 흰색 매직테이프			5cm	

클럽 케이스

치수와 꿰매는 방법

※1cm의 꿰맴분을 붙여 재단한다.

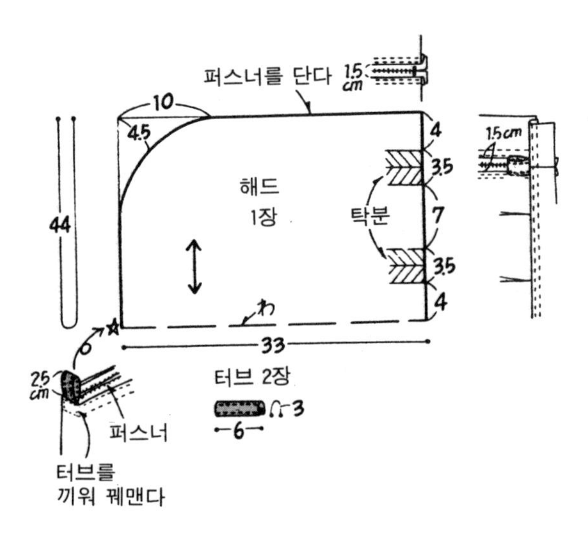

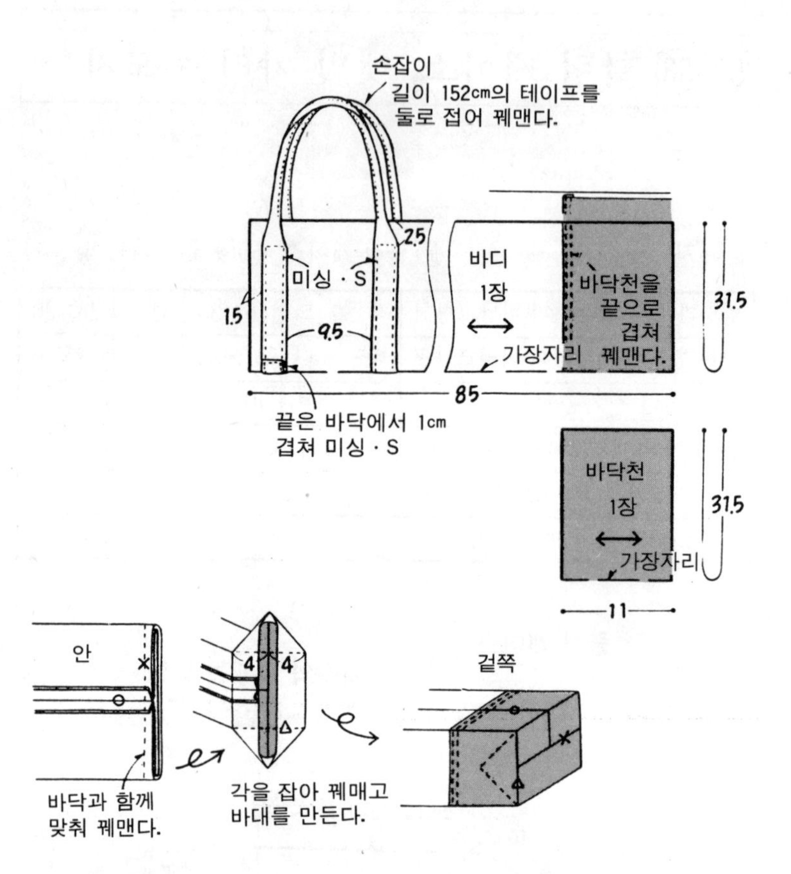

만드는 방법

① 천을 재단한다.

② 터브를 꿰매 헤드 끝(☆)에 붙이고 퍼스너를 단다.

③ 바디에 손잡이와 바닥천을 붙인다.

④ 바디를 안으로 들어가게 개켜 맞춰 꿰매고, 바닥쪽을 꿰매 바대를 만든다.

⑤ 바디를 겉으로 뒤집고, 헤드에 탁을 달고, 터브를 끼워 맞춰 꿰맨다.

햇빛 가리는 모자

치수와 꿰매는 방법

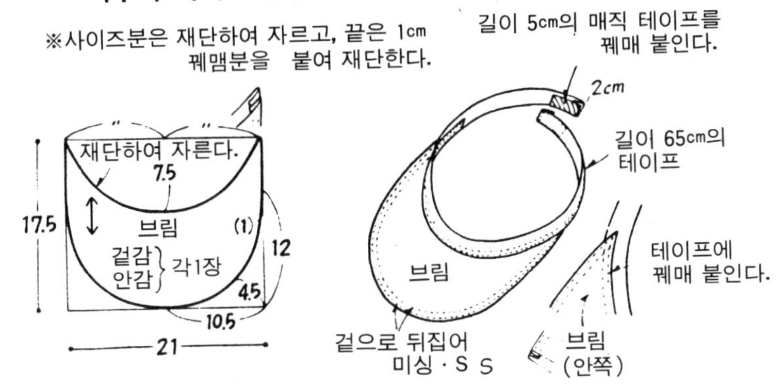

만드는 방법

① 천을 재단한다.

② 겉감과 안감을 안으로 들어가게 개켜 바깥쪽만을 꿰매고, 겉으로 뒤집어 스티치를 2올로 하고, 사이즈분은 맞춰 꿰맨다.

③ 브림을 테이프 안에 겹쳐 꿰매 붙인다.

④ 테이프 끝을 자르고 매직 테이프를 꿰매 붙인다.

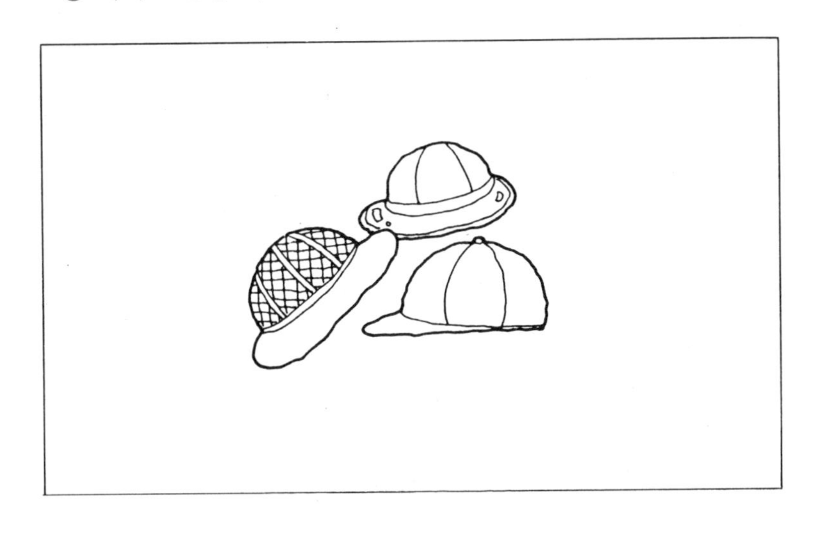

⑥⓪ 캡

재　료(단위 cm)

줄무늬 면 저어지		90×35
심	두꺼운 종이	20×13
	폭 1.5cm의 검정 그로그랜 리본	50cm
	폭 1.5cm의 검정 고무 테이프	12cm
	직경 1.5cm의 단추 1개	

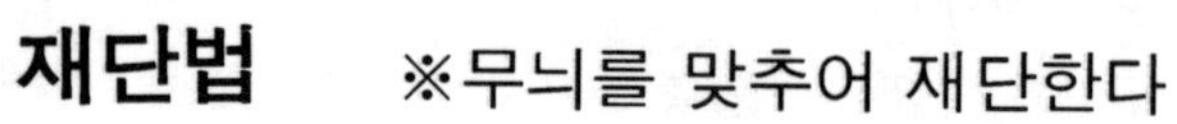

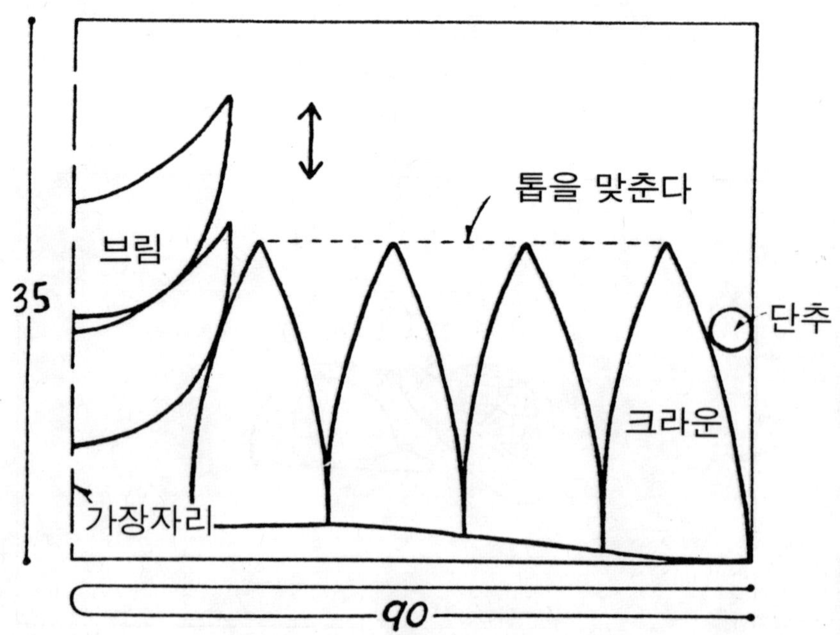

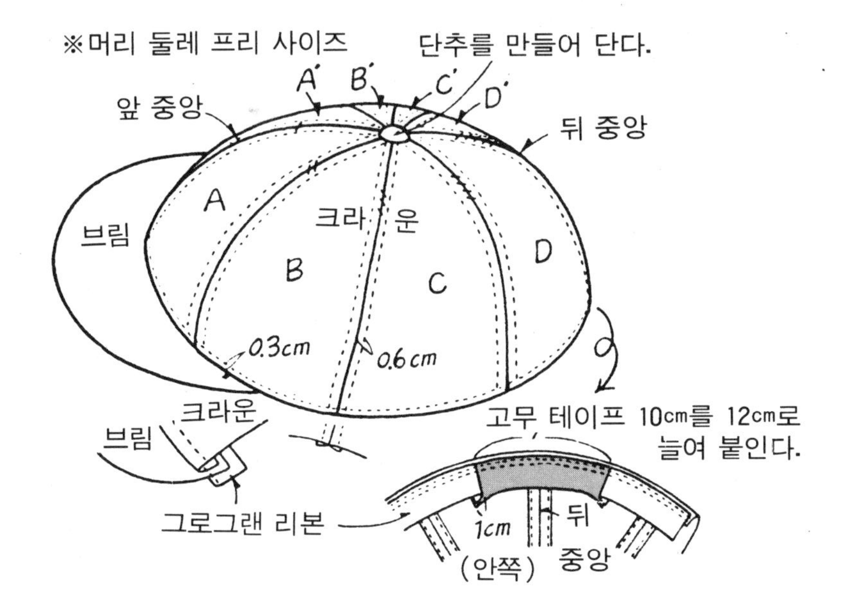

만드는 방법

① 천을 둘로 접어 무늬를 맞추어 본을 재단한다.

② 크라운 표시를 맞추어 A~D, A′~D′를 각각 맞춰 꿰매고, 그리고 A~D, A′~D′의 2장을 맞춰 꿰매고, 꿰맴분을 갈라 스티치를 한다.

③ 브림을 안으로 들어가게 개켜 맞추어 바깥을 꿰매고, 겉으로 뒤집어 심을 넣는다. 사이즈분에도 스티치를 한다.

④ 리본과 고무 테이프를 맞추어 꿰매고, 사이즈분을 붙여 끝에서 또 스티치를 한다.

⑤ 단추를 만들어 톱에 붙인다.

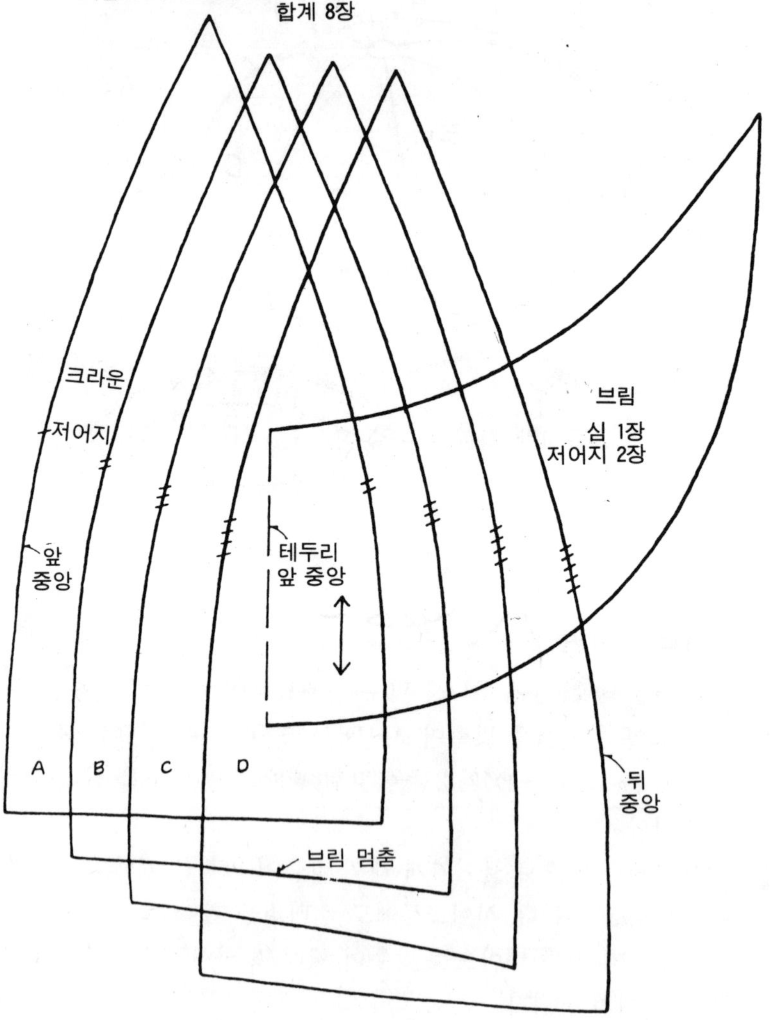

본
실물 크기
※ 0.7cm의 꿰맴분을 붙여 재단한다
심은 재단하여 자른다
크라운은 각각 피칭으로 각 1장,
합계 8장
크라운
저어지
앞
중앙
테두리
앞 중앙
브림
심 1장
저어지 2장
A
B
C
D
뒤
중앙
브림 멈춤

⑭～⑯ 작은 물건 넣는 것

재 료(단위 ㎝)

			⑭	⑮	⑯
목면 35×32			겨자색	자 주	그레이
직경 0.3㎝의 면코드 40㎝			〃	〃	〃
염료	가로진즈	바디	핑크, 검정	황 색	핑 크
		리본	그 린	블 루	빨 강
		눈동자, 웃음소리	검 정		
		눈	흰 색		

도안

실물크기

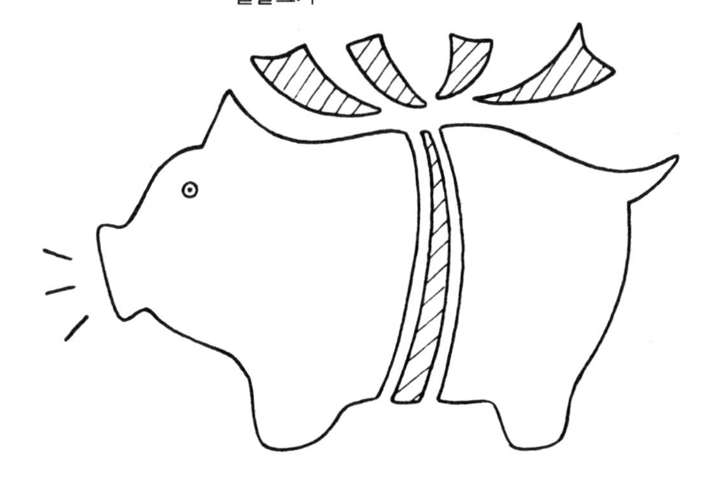

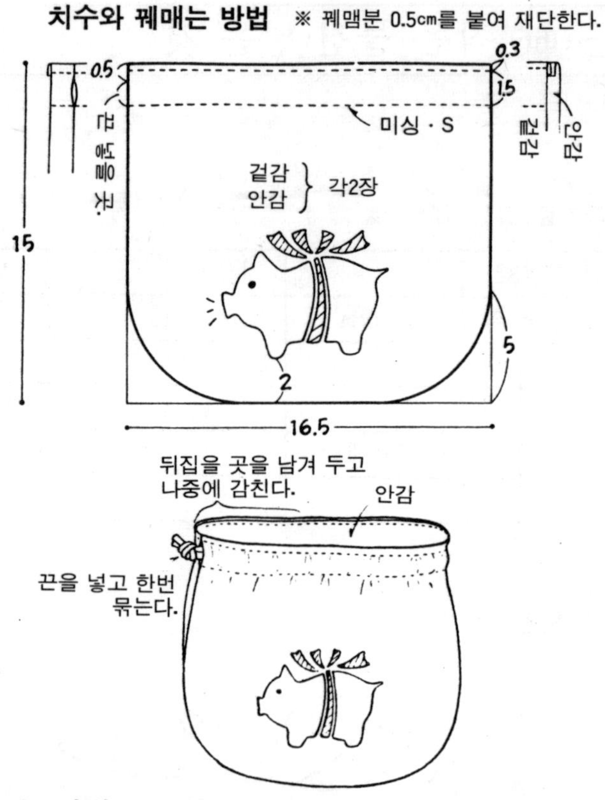

만드는 방법

① 천을 재단한다.

② 겉감 앞쪽에 도안을 찍는다.

③ 겉감 2장을 안으로 들어가게 개켜 입구와 끈 넣을 곳의 입구를 남기고 주머니에 꿰매고, 안감도 마찬가지로 입구만 남기고 꿰맨다.

④ ③의 2개의 주머니를 안으로 들어가게 개켜 맞추고 뒤집을 곳을 남기고 입구를 꿰매 겉으로 뒤집는다.

⑤ 입구에 미싱 · S 2개를 놓고 끈 넣을 곳을 만들어 끈을 넣어 묶는다.

(68)(69) 쿠션

치수와 꿰매는 방법

※(　)안은 꿰맴분, 토대천은 1cm의 꿰맴분을 붙여 재단한다.

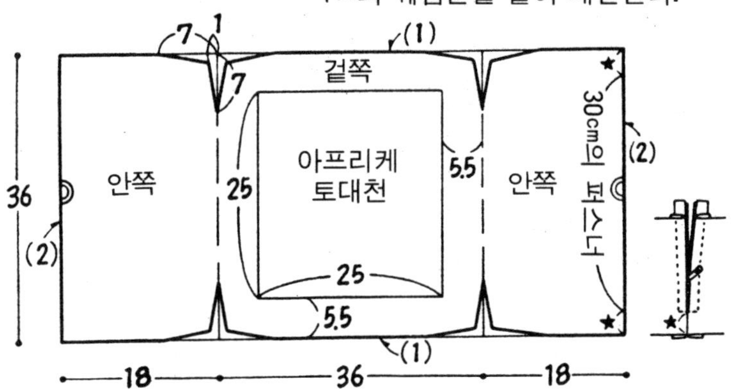

재　료(단위 cm)

			(68)	(69)
안쪽, 겉쪽		목면 76×38　등	등 색	등 색
아프리케	토대천	목면 27×27	그 린	핑 크
	시팅 각 조금		핑 크	핑 크
			크림색, 마전하지 않은 무명 소프트 핑크, 블루 그레이, 오렌지색	
	25번 자수실 각각 조금		차콜그레이, 마전하지 않은 무명 소프트 핑크, 오렌지색	
30cm의 퍼스너			각 1개	
38cm의 각 판야가 든 중간 주머니			각 1개	

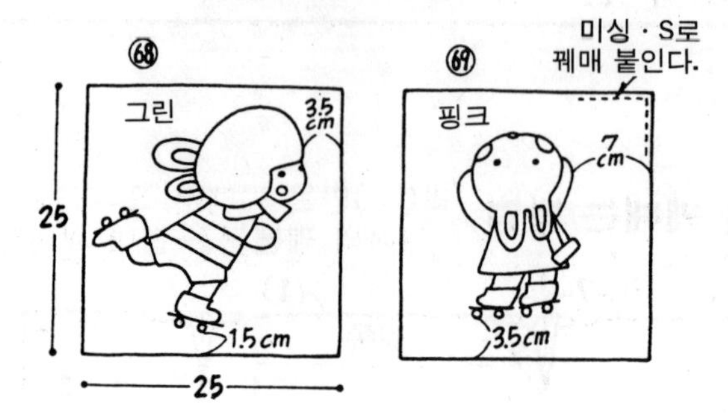

만드는 방법

① 천을 재단한다.

② 토대천에 아프리케한다.

③ 겉쪽에 토대천을 꿰매 붙인다.

④ 안쪽의 (★) 표시를 맞추어 꿰매고 퍼스너를 붙인다.

⑤ 겉, 안쪽을 안으로 들어가게 개켜 맞추어 꿰매고, 겉으로 뒤집는다.

⑥ 판야가 든 중간 주머니를 넣는다.

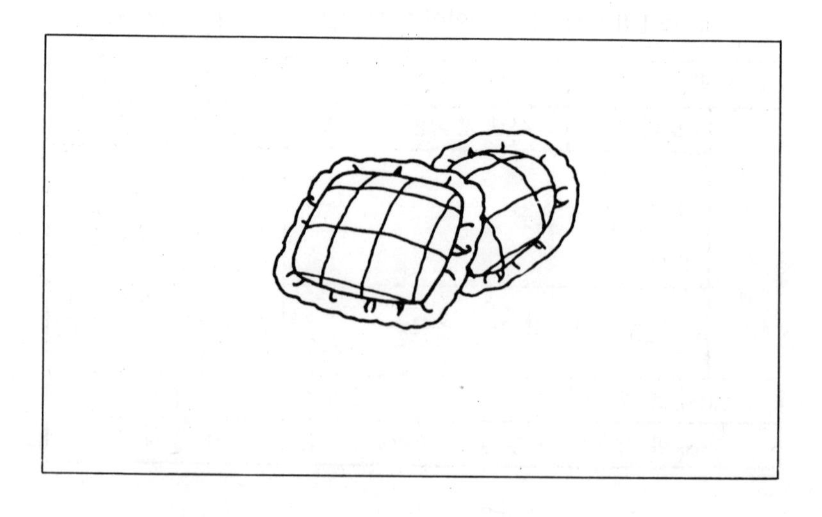

⑰ 시트 커버

재 료(단위 cm)

토대천	A	안감…엷은 자주색 목면	90×120
		겉감…엷은 갈색의 목면	90×120
	B	청자색의 목면	55×108
	C	등색의 목면	37×96
아프리케용 시팅		핑 크	90×20
		마전하지 않은 무명	90×20
		그린	35×15
		크림색, 소프트 핑크, 오렌지색, 자주, 블루 그레이, 흰색, 엷은 갈색 각각 조금	
25번 자주실		흰색, 챠콜그레이, 핑크, 크림색 각각 조금	
폭 1.8cm의 자주 바이어스 테이프			420cm

만드는 방법

① 천을 재단한다.

② 토대천 B, C에 아프리케한다.

③ 토대천 A의 겉감에 B의 꿰맴분을 접어 꿰매 붙인다.

④ A의 겉감과 안감을 바깥으로 맞추어 가장자리를 파이핑한다.

⑤ C의 꿰맴분을 접어 지정 위치에 놓고 4장을 겹쳐 꿰맨다.

치수와 꿰매는 방법

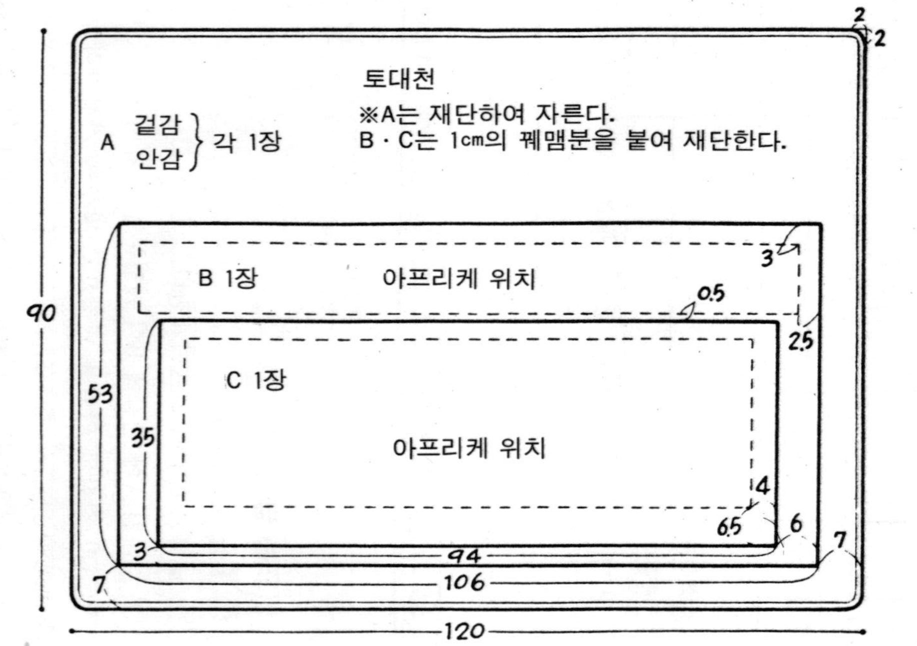
토대천
A 걸감 안감 각 1장
※A는 재단하여 자른다.
B · C는 1cm의 꿰맴분을 붙여 재단한다.
B 1장
아프리케 위치
C 1장
아프리케 위치
90
120
106
94
53
35
7
7
6
3
3
2.5
0.5
4
6.5
2
2

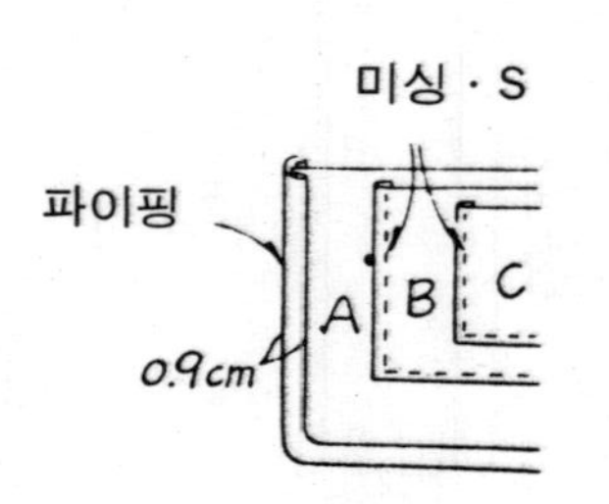
미싱 · S
파이핑
0.9cm
A
B
C

아프리케 도안
※ 0.5cm의 꿰맴분을 붙여 재단하고,
동색의 실로 세워 감친다
B의 아프리케
그린
옅은 갈색
WE LIKE ROLLER-SKATE
핑크
C의 아프리케
※자수실은 4올. ( )안은 쿠션
얼굴, 바디, 손, 발,
귀는 마전하지
않은 무명(〃)
아웃 라인 · S
핑크
프라이 · S 챠콜
그레이
챠콜
그레이
챠콜
그레이
크림색
크림색
흰색
소프트 핑크
(〃)
(핑크)
새틴 · S
챠콜 그레이
(〃)
소프트 핑크
(〃)
그린
(블루 그레이)
블루 그레이
(크림색)
(오렌지색)
핑크
(블루 그레이)
오렌지색
(그린)
흰색(마전하지
않은 무명)
포켓은
쿠션만
오렌지색
자주
흰색(마전하지 않은 무명)
5cm
1cm
2cm

⑯⑰ 시트 커버

만드는 방법

① 천을 재단한다.

② 겉감에 아프리케와 자수를 놓는다.

③ 겉, 안감을 겹치고,가장자리를 파이핑한다.

④ 끈을 꿰매고,안쪽 4곳에 꿰매 붙인다.

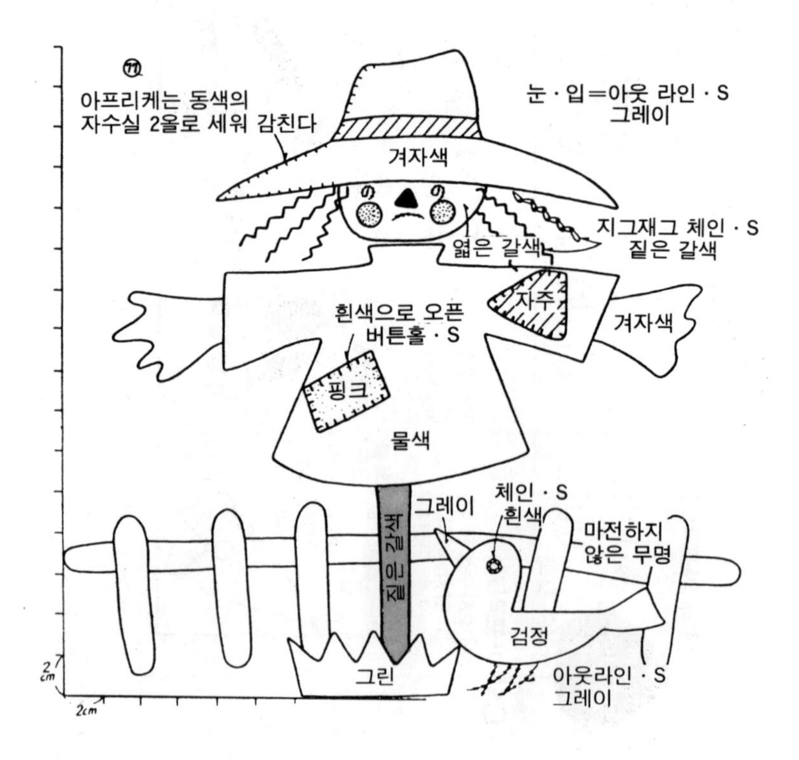

재 료(단위 cm) ⑯ ⑰

겉감, 끈	물방울 무늬의 목면	각각 77×43
안감	흰색의 목면	각각 65×43
폭 1.2cm의 빨강 바이어스 테이프		각각 220cm
아프리케용 시팅 각각 조금	크림색 30×25 마전하지 않은 무명, 그린, 짙은 그린, 엷은 갈색, 갈색, 물색, 그레이, 겨자색 핑크, 오렌지색	물색 23×15, 그린, 검정, 마전하지 않은 무명 짙은 갈색, 자주색, 핑크, 짙은 갈색, 겨자색, 그레이
25번 자수실 각각 조금	황색, 검정, 올드 로즈, 블루, 핑크	흰색, 그레이, 짙은 갈색

치수와 꿰매는 방법 ※ 재단하여 자른다.

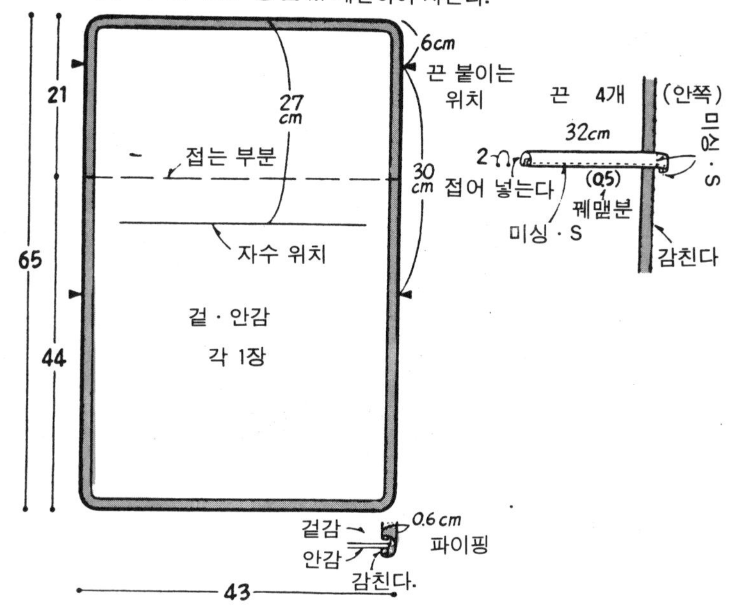

아프리케 도안

※ 꿰맴분 0.5cm 붙여 재단한다
사진을 참조하여 아래가 되는 부분에는
겹쳐지는 분을 붙인다. 자수실은 4올

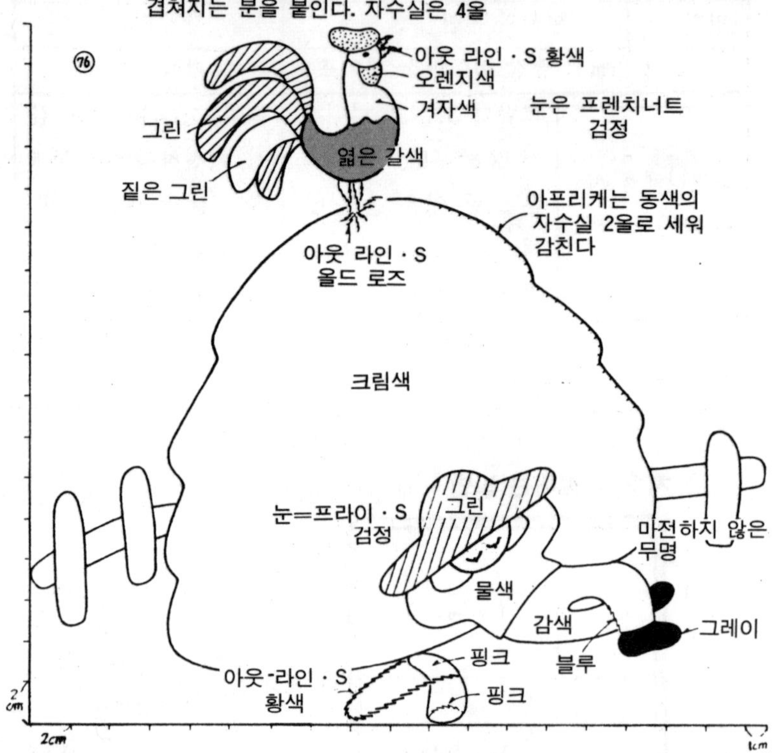

⑧①~⑧③ 안경 케이스

재 료(단위 cm) ⑧① ⑧② ⑧③

	⑧①	⑧②	⑧③
토대천 34×30	나일론천 황갈색	나일론천 빨강	비닐 레쟈 주홍
장식천 20×14	나일론천 빨강	나일론천 황갈색	비닐 레쟈 주홍
아프리케 천 13×10			체크 울
스냅 버튼	각각 1개		

치수와 꿰매는 방법

※ 0.8cm의 꿰맴분을 붙여 재단한다.

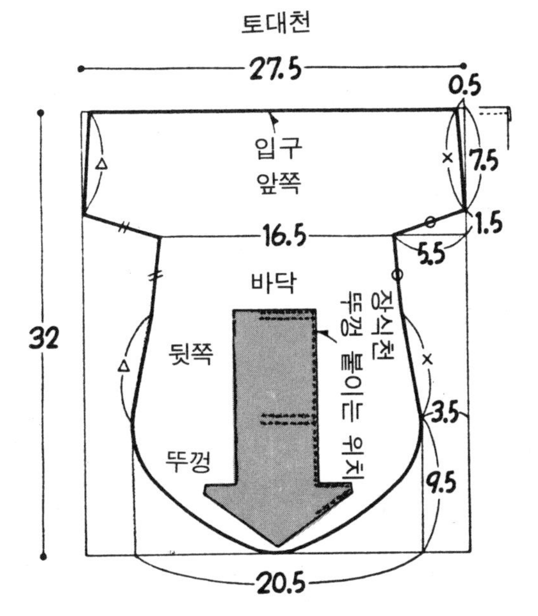

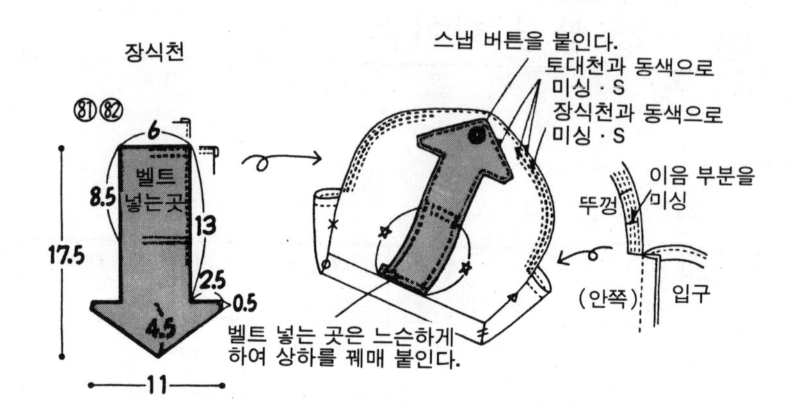

각각 만나는 표시를 맞추어 꿰맨다.

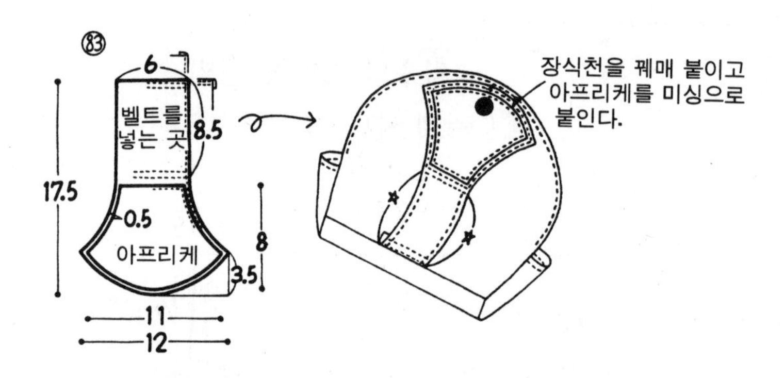

만드는 방법

① 천을 재단한다.

② 입구와 뚜껑 가장자리를 접어 스티치를 하고, 각각 만나는 부분을 맞추어 꿰맨다.

③ 장식천은 벨트 넣는 부분(☆)을 접어 스티치를 한 다음 토대천에 꿰매 붙인다.

④ 스냅 버튼을 단다.

⑧④ 모자

재료 (단위 cm)

그레이의 퀼팅천	91×43
폭 2.5cm의 모스그린의 면 테이프	150cm
폭 1.8cm의 검정 그로그랜 리본	60cm

재단하는 방법

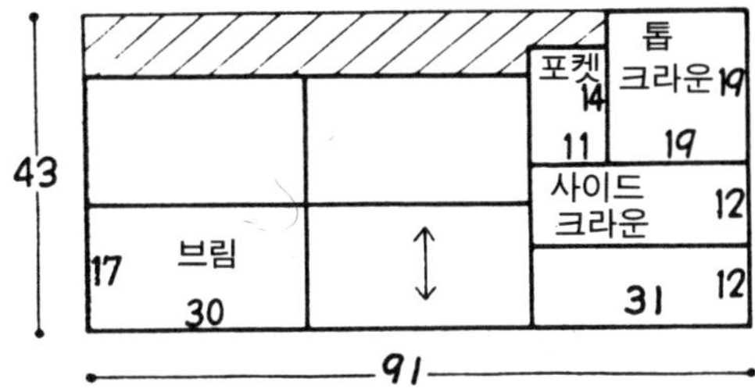

만드는 방법

① 천을 재단한다.

② 포켓을 사이드 크라운에 붙여 꿰맨다.

③ 사이드 크라운의 앞 중앙을 꿰매고, 꿰맴분을 갈라 0.6cm 되는 곳에 스티치를 한다.

④ 사이드 크라운에 면테이프를 얹어 미싱 · S로 꿰매고, 뒤 중앙을 면테이프와 함께 꿰매고 스티치로 누른다.

⑤ 톱과 ④를 맞추어 꿰매고 스티치를 한다.

⑥ 브림은 2장씩을 벗겨 바깥쪽으로 겹쳐 미싱 · S를 하고, 바깥쪽으로 면테이프를 둘로 접어 꿰매 붙인다.

⑦ 그림, 크라운, 리본을 맞추어 꿰매고, 또 미싱 · S로 누른다.

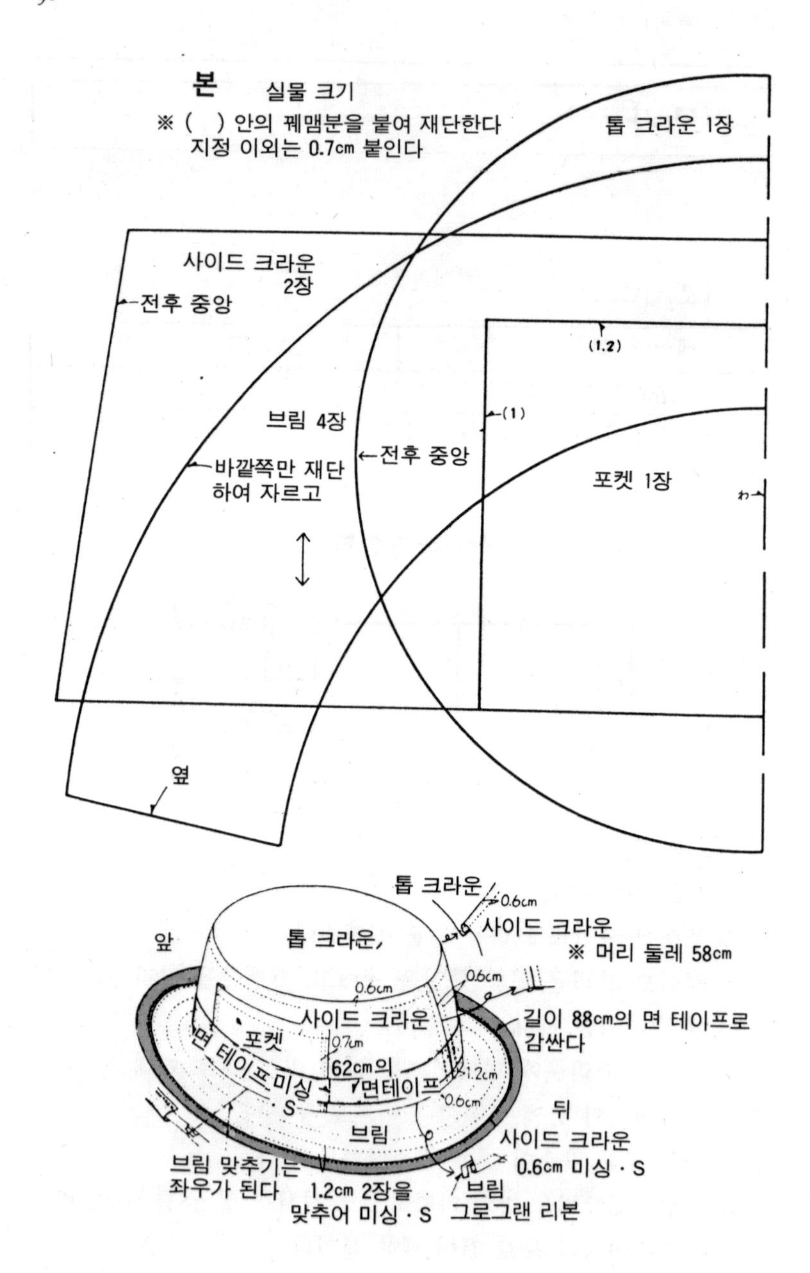

본 실물 크기
※ ( ) 안의 꿰맴분을 붙여 재단한다
지정 이외는 0.7cm 붙인다
톱 크라운 1장
사이드 크라운 2장
전후 중앙
(1.2)
(1)
브림 4장
전후 중앙
바깥쪽만 재단 하여 자르고
포켓 1장
わ
옆
톱 크라운
0.6cm
사이드 크라운
앞
톱 크라운
※ 머리 둘레 58cm
0.6cm
0.6cm
사이드 크라운
길이 88cm의 면 테이프로 감싼다
포켓
0.7cm
62cm의
면 테이프 미싱 · S
면테이프
1.2cm
0.6cm
뒤
브림
사이드 크라운
0.6cm 미싱 · S
브림 맞추기는 좌우가 된다
1.2cm 2장을 맞추어 미싱 · S
브림
그로그랜 리본

⑧⑨⑩ 스패츠

재 료(단위 cm) ⑧⑨ ⑨⑩

	⑧⑨	⑨⑩
포핀트 퀼팅천 84×54	흰감에 빨간 리본 무늬	빨간감에 흰색 리본 무늬
커텐용 장식 방울 각 108cm	빨강	그린
폭 0.5cm의 고무 테이프	각 120cm	

만드는 방법

① 천을 재단하여 끝을 지그재그로 꿰매 정리한다.

② 천을 안으로 들어가게 개켜 꿰맴분을 제외하고 옆을 꿰맨다.

③ 고무 넣을 곳을 미싱·S로 누르고, 입구를 접어 꿰맨다.

④ 윗쪽에 커텐용 장식 방울을 꿰매 붙인다.

⑤ 상하에 고무 테이프를 넣는다.

치수와 꿰매는 방법

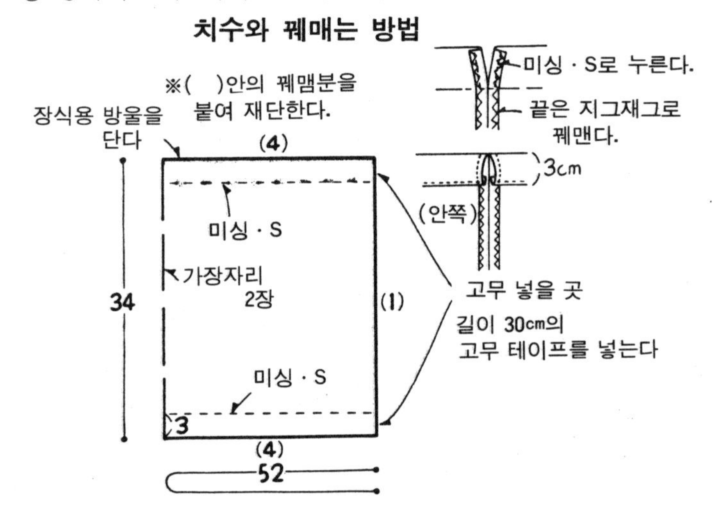

⑨① 부츠 케이스

재 료(단위 cm)

토대천	등색의 비닐 코팅천	91×62
바닥, 덧대는 천, 뒷 포켓	검정의 비닐 코팅천	67×52
앞 포켓 겉감	등색에 흰색 물방울 목면	24×24
앞 포켓 안감	마전하지 않은 목면	86×112
안 감		
아프리케용 목면 조금	흰색, 은색, 갈색, 자주	
미싱사 각각 조금(자수용)	빨강, 은색, 자주, 갈색, 황갈색, 그레이	
직경 0.8cm의 빨강 코드		220cm
두께 0.5cm의 스폰지		30×30
검정 비즈		1개

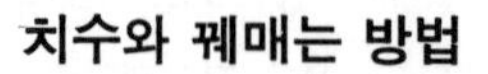

치수와 꿰매는 방법

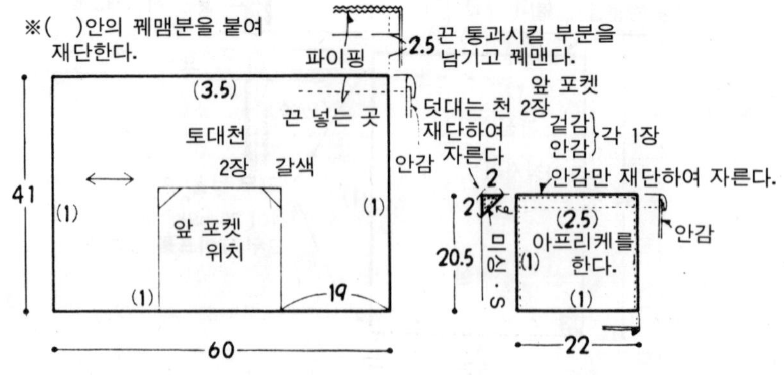

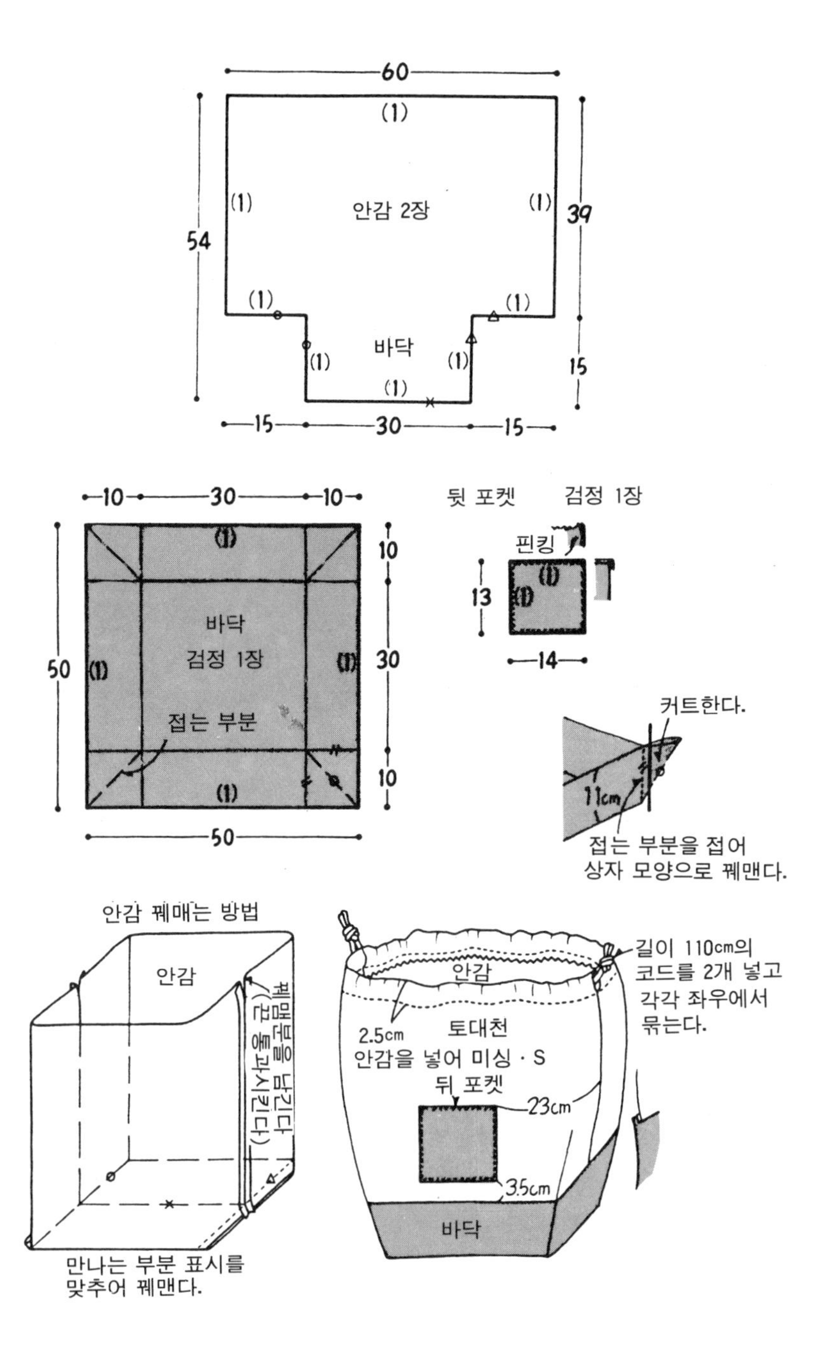

60
(1)
(1)
안감 2장
(1)
54
39
(1)
(1)
바닥
(1)
(1)
(1)
15
15
30
15
10
30
10
(1)
10
바닥
검정 1장
50
(1)
(1)
30
접는 부분
(1)
10
50
뒷 포켓
검정 1장
핀킹
13
(1)
(1)
14
커트한다.
11cm
접는 부분을 접어
상자 모양으로 꿰맨다.
안감 꿰매는 방법
안감
꿰맬부분을 남긴다
(끈 통과시킨다)
만나는 부분 표시를
맞추어 꿰맨다.
안감
2.5cm
토대천
안감을 넣어 미싱 · S
뒤 포켓
23cm
3.5cm
바닥
길이 110cm의
코드를 2개 넣고
각각 좌우에서
묶는다.

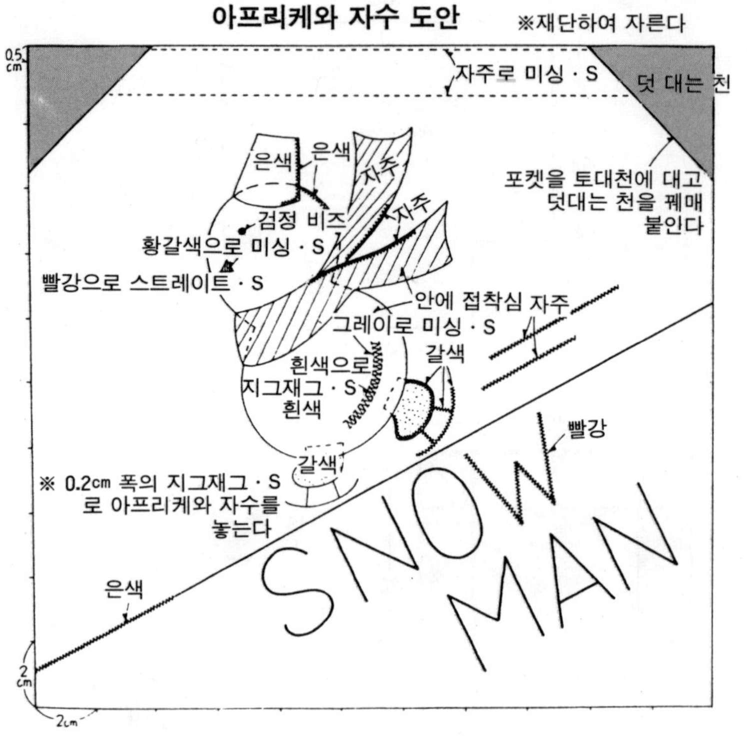

만드는 방법

① 천을 재단한다.

② 앞 포켓의 겉감에 아프리케와 자수를 놓고, 안감을 겹쳐 토대천에 붙이고, 입구는 덧대는 천으로 누른다.

③ 뒷 포켓을 꿰매 붙인다.

④ 토대천 2장을 안으로 접어 맞추어 꿰매고, 겉으로 뒤집는다.

⑤ 바닥은 각을 꿰매 상자 모양으로 만든다.

⑥ ④와 ⑤를 맞추어 꿰매고, 바닥에 스폰지를 넣는다.

⑦ 만나는 부분을 합쳐 안감을 꿰매고 ⑥에 겹친다.

⑧ 입구를 접어 미싱으로 끈 넣는 곳을 만들고, 코드를 2개 넣어 각각 좌우에서 묶는다.

⑮⑯ 스케이트 넣는 것

재 료(단위 cm) ⑮ ⑯

		⑮	⑯
앞, 뒷쪽	퀼팅천 90×50.5	블 루	황 색
아프리케용 펠트	원 13cm 각	황 색	빨 강
	하드 13cm 각	빨 강	엷은그린
자수용 아주 가는 실 조금	연지색	황 색	빨 강
	구두끈	빨 강	엷은그린
직경 1cm인 비즈 8개		검 정	빨 강
직경 0.8cm의 면 코드		각 100cm	

실물 크기

치수와 꿰매는 방법

※( )안의 꿰맴분을 붙여 재단한다.

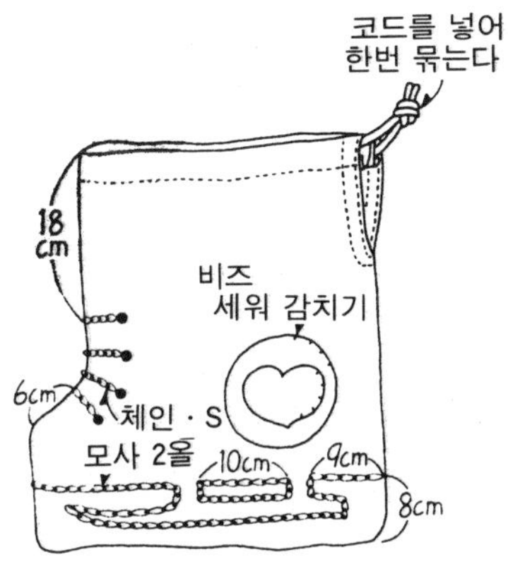

※재단하여 자른다.

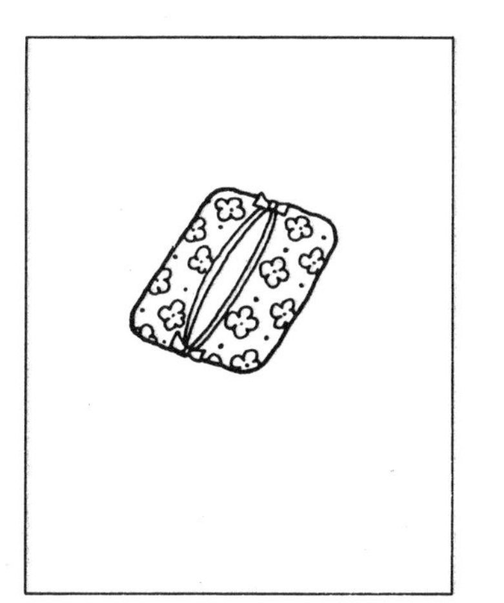

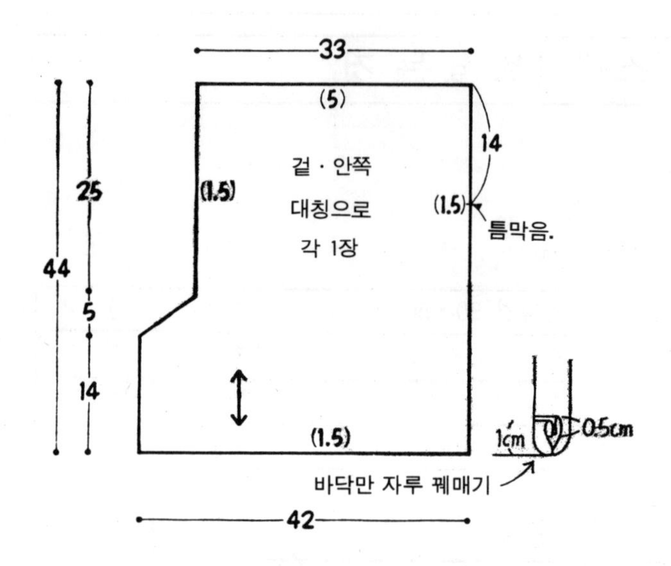

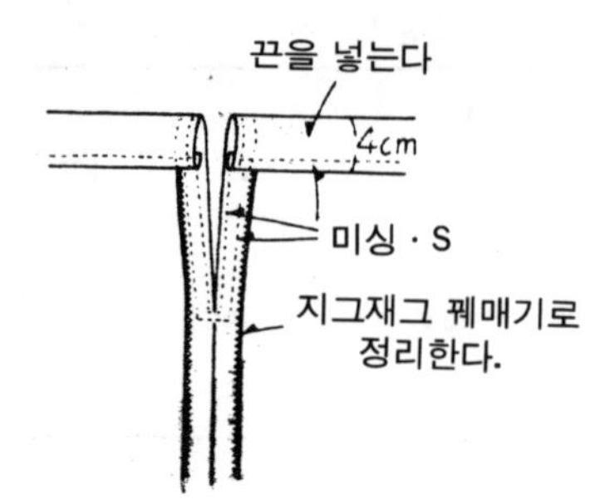

만드는 방법

① 천을 재단한다.

② 양끝을 지그재그로 꿰매 정리한다.

③ 바닥을 자루 꿰매기한다(처음에 바깥으로 해서 꿰맨다).

④ 틈을 남긴 채 양 옆을 꿰매고, 틈 가장자리를 미싱 · S로 누른다.

⑤ 끈 넣는 곳은 입구를 접어 뒤집어 미싱 · S를 하고, 코드를 넣어 한번 묶는다.

⑥ 아프리케는 앞쪽, 체인 · S와 비즈는 앞 · 뒤쪽에 단다.

⑨⑦～⑩① 포시에트

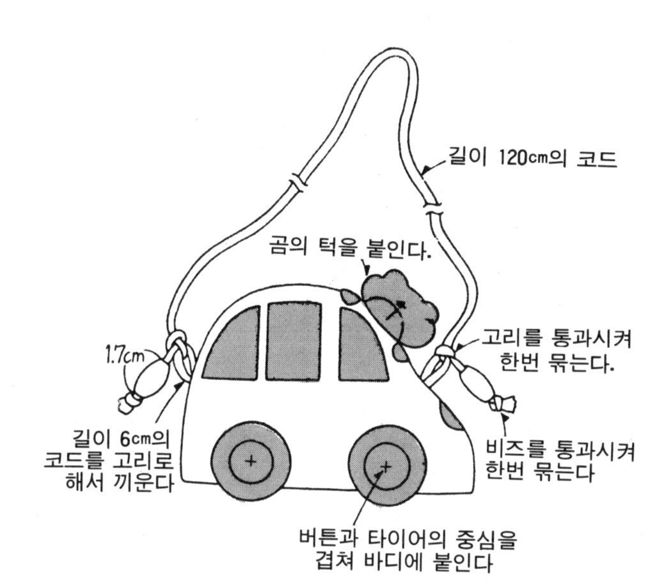

만드는 방법

① 천을 재단하고 퀼팅천은 지그재그로 꿰매 정리한다.

② 뒷쪽에 퍼스너를 단다.

③ 앞뒤를 안으로 들어가게 개켜 맞추어 면 코드를 좌우에 끼우고, 가장자리를 꿰매 겉으로 뒤집는다.

④ 앞쪽에 아프리케를 하고 타이어를 버튼으로 박고 곰도 만들어 붙인다.

⑤ 면 코드에 비즈를 끼워 끝을 묶고, 좌우의 고리 안을 통과시켜 한번 묶는다.

본과 꿰매는 방법 실물 크기

※앞쪽, 뒷쪽은 1cm의 꿰맴분을 붙여 재단한다.
펠트는 재단하여 자른다.
실은 한올,

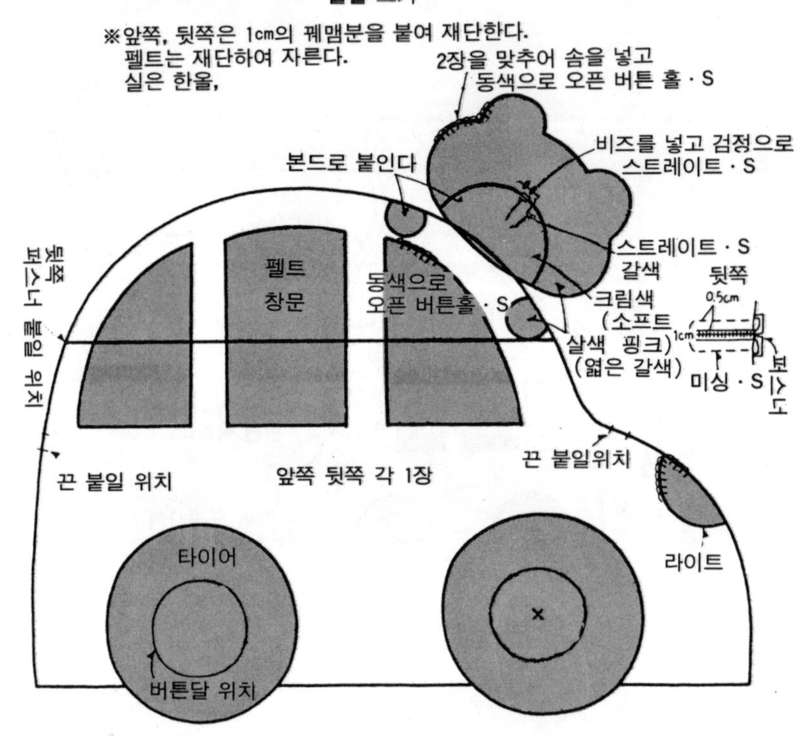

재 료(단위 cm)

		⑨⑦	⑨⑧	⑨⑨	⑩⓪	⑩①
퀼팅천34×14	앞쪽, 뒷쪽	블루	마전하 않은무명	등 색	핑 크	물 색
펠트 각각 조금	창문	황금색	코발트 블루	오렌지색	체리핑크	크림색
	타이어	군청색	빨강	황녹색	등 색	핑 크
	라이트	황녹색	황색	황색	황녹색	오렌지색
	곰	엷은갈색 소프트 핑크	살색, 크림색			엷은갈색, 소프트 핑크
25번 자수실 조금					곰	갈색, 검정
9cm의 퍼스너						각 1개
직경 0.5cm의 흰색 면 코드						각 132cm
직경 2cm의 흰색 버튼						각 2개
검정 비즈(소)						각 2개
길이 1.7cm의 베이지 비즈						각 2개
면, 본드						각각 조금

⑩⑥ ⑩⑦ 스케이트 보드 케이스

재 료(단위 cm)		⑩⑥	⑩⑦
앞, 뒷쪽 바대, 손잡이	코드로이 퀼팅천 78×81	그레이	엷은 갈색
포켓 덧대는 천	두툼한 목면 27×27	챠콜 그레이	엷은 갈색
아프리케	펠트 각각 조금	로즈색, 베이지그린	베이지 그린
77cm의 퍼스너 각각 1개		그레이	엷은 갈색

치수와 꿰매는 방법

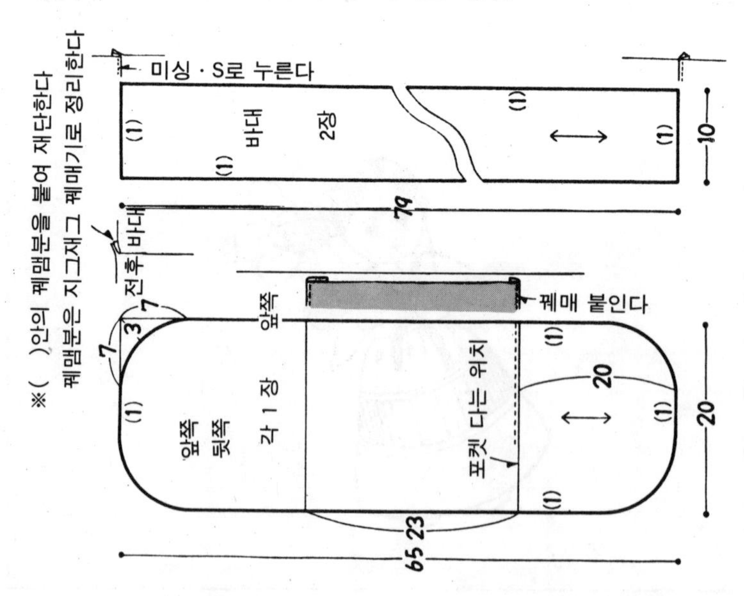

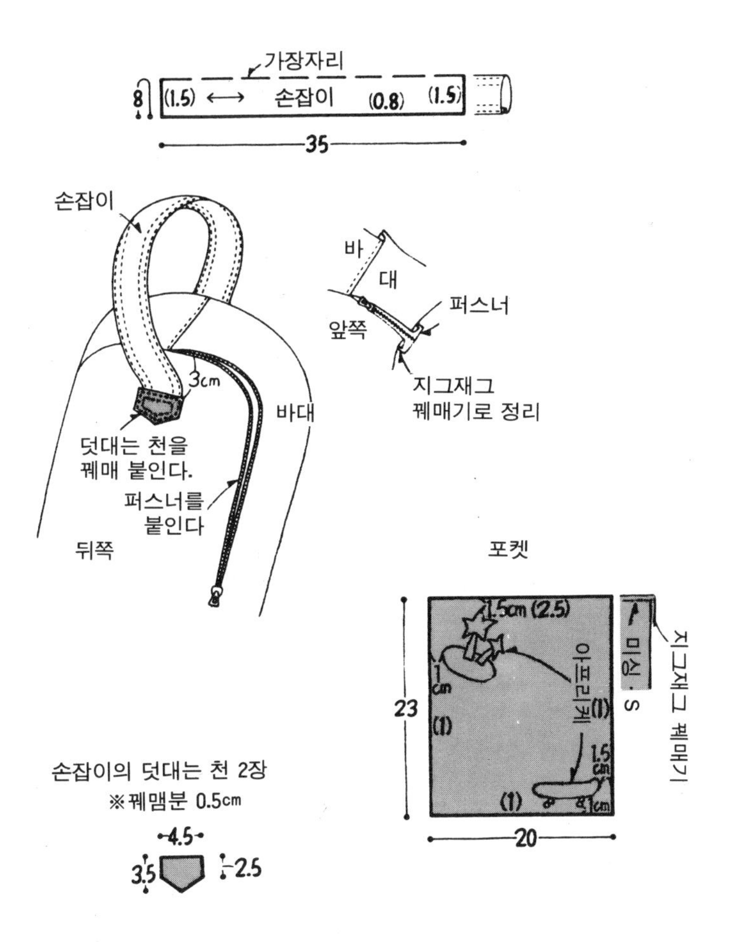

만드는 방법

① 천을 재단한다.

② 포켓에 아프리케를 하고, 입구를 접어 뒤집어 미싱·S 한다.

③ 앞쪽에 포켓을 얹어 바닥쪽을 꿰매 붙인다.

④ 바대 2장을 꿰매 테두리로 한다.

⑤ 퍼스너를 붙이고 앞쪽, 바대, 뒷쪽을 안으로 들어가게 개켜 맞추어 꿰맨다.

⑥ 손잡이를 꿰매 앞뒤에 덧대는 천을 얹어 미싱으로 꿰맨다.

아프리케 도안

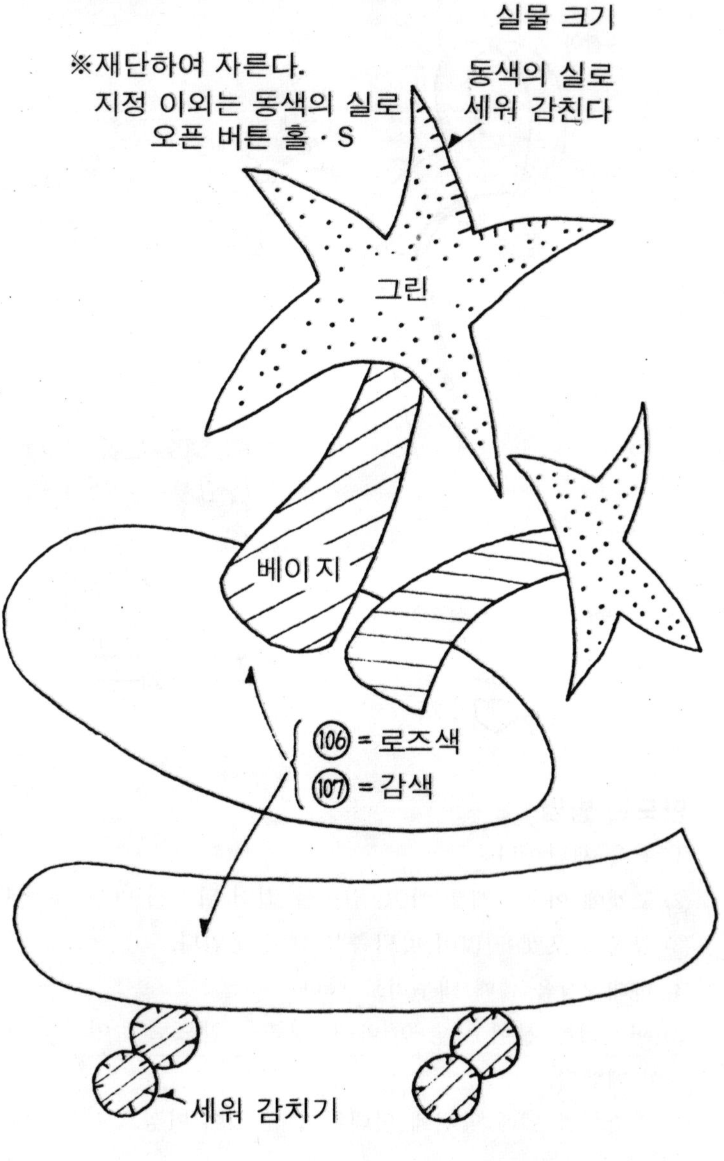

실물 크기

※재단하여 자른다.
지정 이외는 동색의 실로
오픈 버튼 홀 · S

동색의 실로
세워 감친다

그린

베이지

⑩⑥ = 로즈색
⑩⑦ = 감색

세워 감치기

⑩⑧ 데이백

재　료(단위 cm)

짙은 갈색의 두툼한 목면	78×63
앞쪽, 뒷쪽, 바대, 포켓	
챠콜 그레이의 두툼한 목면	조　금
덧대는 천, 결 끈, 벨트의 겉천	
아프리케용 목면 각각 조금	황갈색, 짙은 갈색
폭 4cm의 생면 벨트	165cm
짙은 갈색 퍼스너 각각 1개	길이 50cm, 28cm
조절 금속 장식	2개

치수와 꿰매는 방법

※ 꿰맴분 1cm 붙여 재단한다

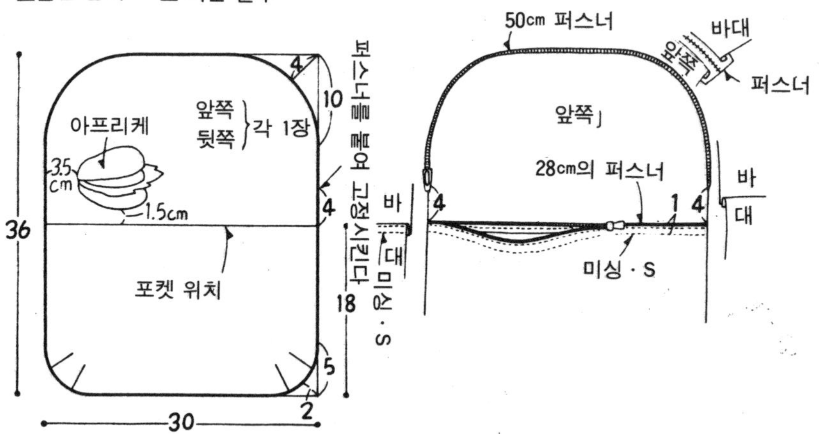

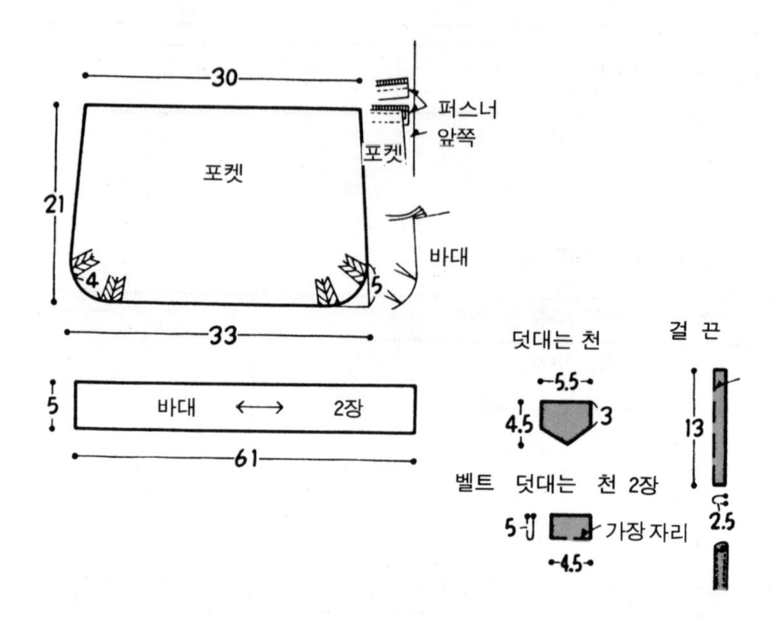
30
21
포켓
4
5
33
퍼스너
앞쪽
포켓
바대
5
바대 ⟷ 2장
61
덧대는 천
5.5
4.5
3
걸 끈
13
2.5
벨트 덧대는 천 2장
5
가장 자리
4.5

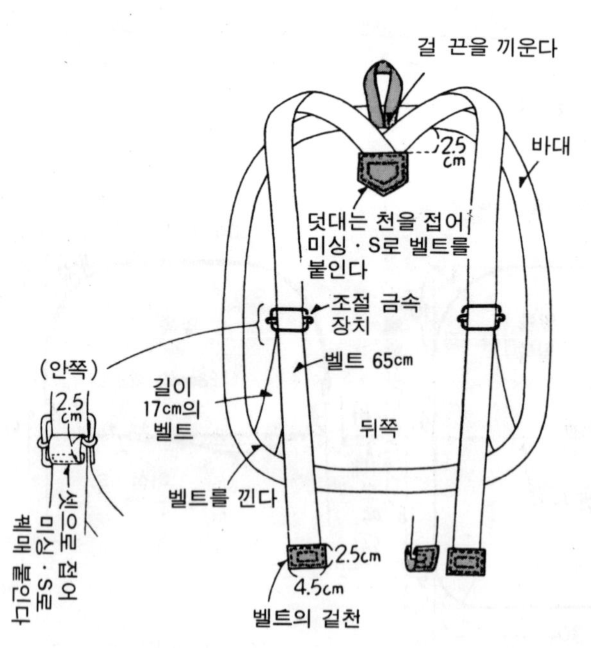
걸 끈을 끼운다
2.5 cm
바대
덧대는 천을 접어 미싱 · S로 벨트를 붙인다
조절 금속 장치
(안쪽)
벨트 65cm
길이 17cm의 벨트
2.5 cm
뒤쪽
벨트를 낀다
셋으로 접어 미싱 · S로 꿰매 붙인다
2.5cm
4.5cm
벨트의 겉천

아프리케 도안

실물 크기

※재단하여 자른다

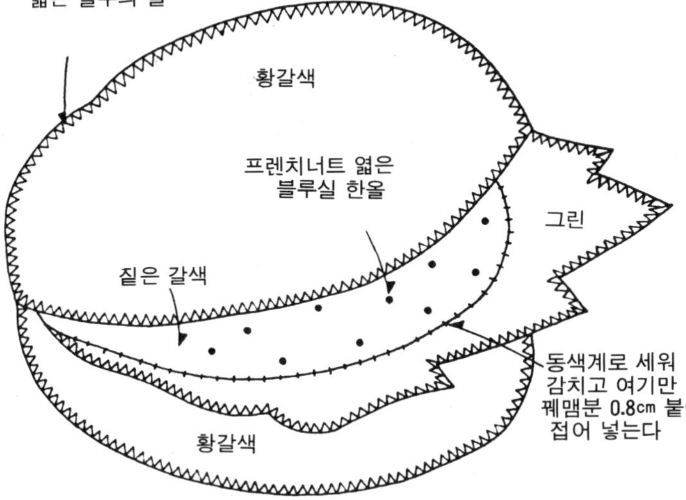

지그재그로 꿰매 붙인다
엷은 블루의 실

황갈색

프렌치너트 엷은
블루실 한올

그린

짙은 갈색

동색계로 세워
감치고 여기만
꿰맴분 0.8㎝ 붙여
접어 넣는다

황갈색

만드는 방법

① 천을 재단한다.

② 앞쪽에 미싱으로 아프리케, 포켓과 맞추어 포켓 입구에 그림과 같이 퍼스너를 붙인다.

③ 바대 2장을 꿰매 테두리로 하고, 왼쪽은 미싱 · S로 누른다.

④ 포켓에 텍을 붙이고 앞쪽과 바대를 안으로 들어가게 개켜 맞추어 꿰매고, 입구 쪽에 퍼스너를 단다.

⑤ 걸 끈도 꿰매고 뒤쪽에 벨트를 덧대기천으로 꿰맨다.

⑥ 뒷쪽과 바대를 안으로 들어가게 개켜 걸 끈과 짧은 쪽 벨트를 끼워 맞추어 꿰맨다.

⑦ 짧은 벨트 끝을 셋으로 접어 금속장치를 끼워 꿰매고, 긴 벨트 끝에는 걸천을 붙여 금속 장치에 통과시킨다.

⑫⓪ 레터락

재 료(단위 cm)

크림색의 시팅		90×28
펠 트	갈색, 그린, 감색, 빨강, 흰색	각각 조금
입	30번 검정 코튼사	조 금
수 염	40번 빨강 레이스사	조 금
낚시줄	철사 흰색	25cm
	대나무	17cm
늘어트린끈	연실	35cm
직경 0.3cm의 면 코드		40cm
비즈(중간)		검정색 2개, 흰색 1개
비즈(작 은것)		검정색 2개
솜		45g
빰 빨강, 본드		

재단법

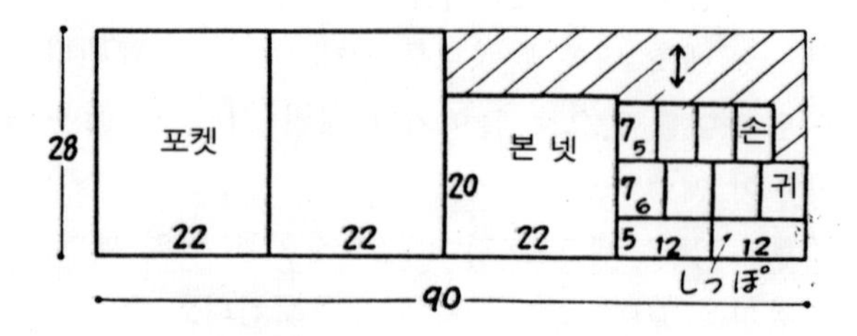

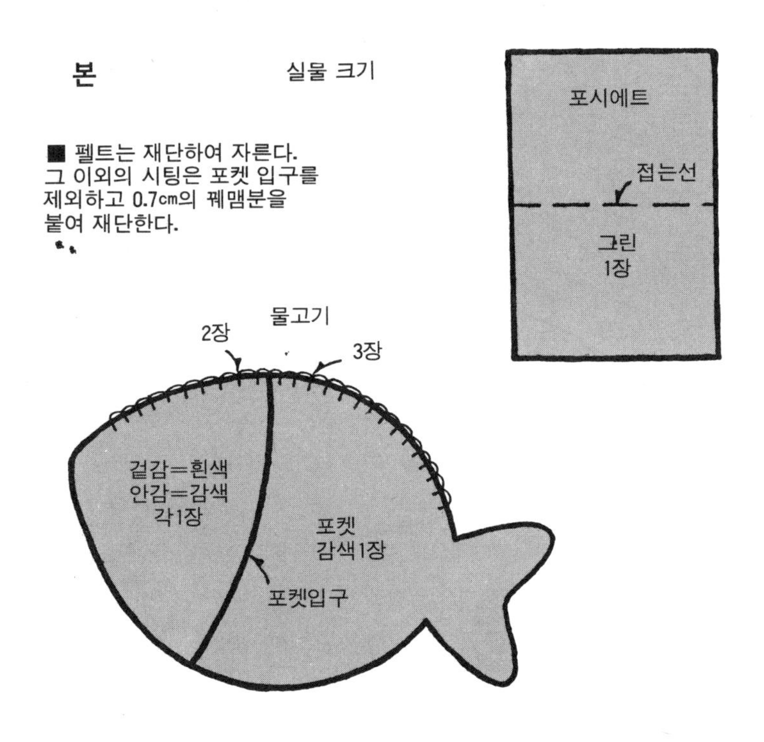

만드는 방법

① 천을 재단한다.

② 귀, 손, 꼬리를 각각 2장씩 안으로 들어가게 개켜 맞추어 꿰매고, 겉으로 뒤집어 솜을 얇게 넣는다.

③ 포켓 입구를 꿰매고 바디를 합쳐 포켓, 귀, 손, 꼬리를 끼워 꿰매고, 겉으로 뒤집어 솜을 넣고 솜을 넣은 부분은 막는다.

④ 포시에트를 붙인 면 코드를 포켓 입구 앞에만 붙이고 뒤에서 한번 묶는다.

⑤ 얼굴 표정을 만들고 펠트를 본드로 붙인다.

⑥ 낚싯줄과 물고기를 만들어 손에 붙이고 늘어뜨릴 끈은 연줄을 머리 뒤에 꿰매 붙인다.

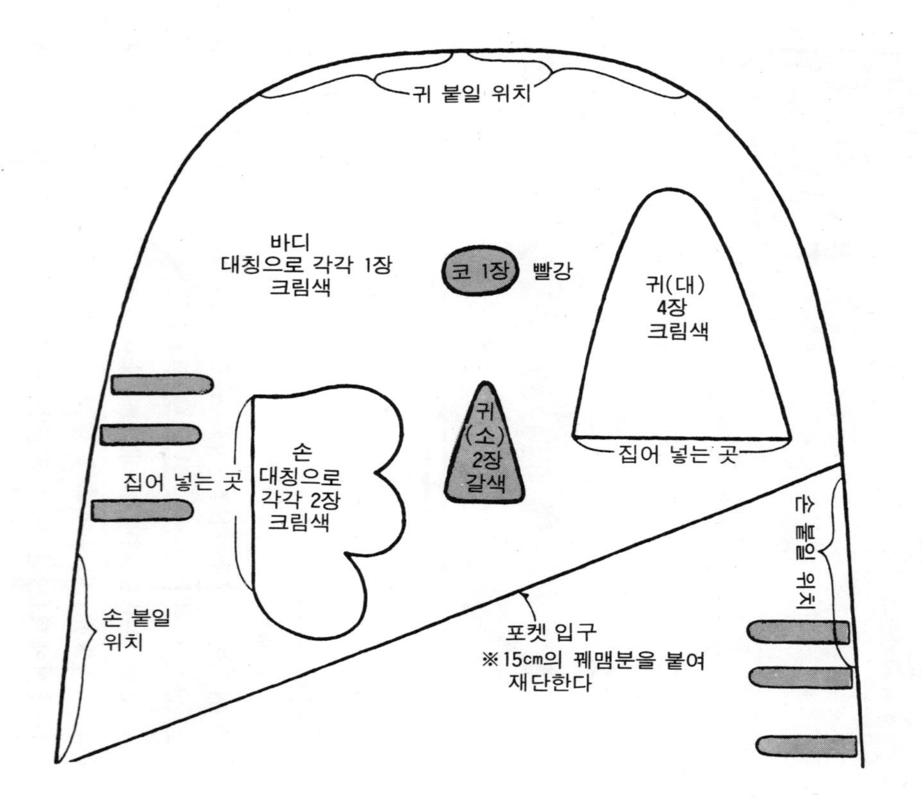
귀 붙일 위치
바디
대칭으로 각각 1장
크림색
코 1장
빨강
귀(대)
4장
크림색
집어 넣는 곳
손
대칭으로
각각 2장
크림색
집어 넣는 곳
귀
(소)
2장
갈색
손 붙일 위치
손 붙일
위치
포켓 입구
※15cm의 꿰맴분을 붙여
재단한다

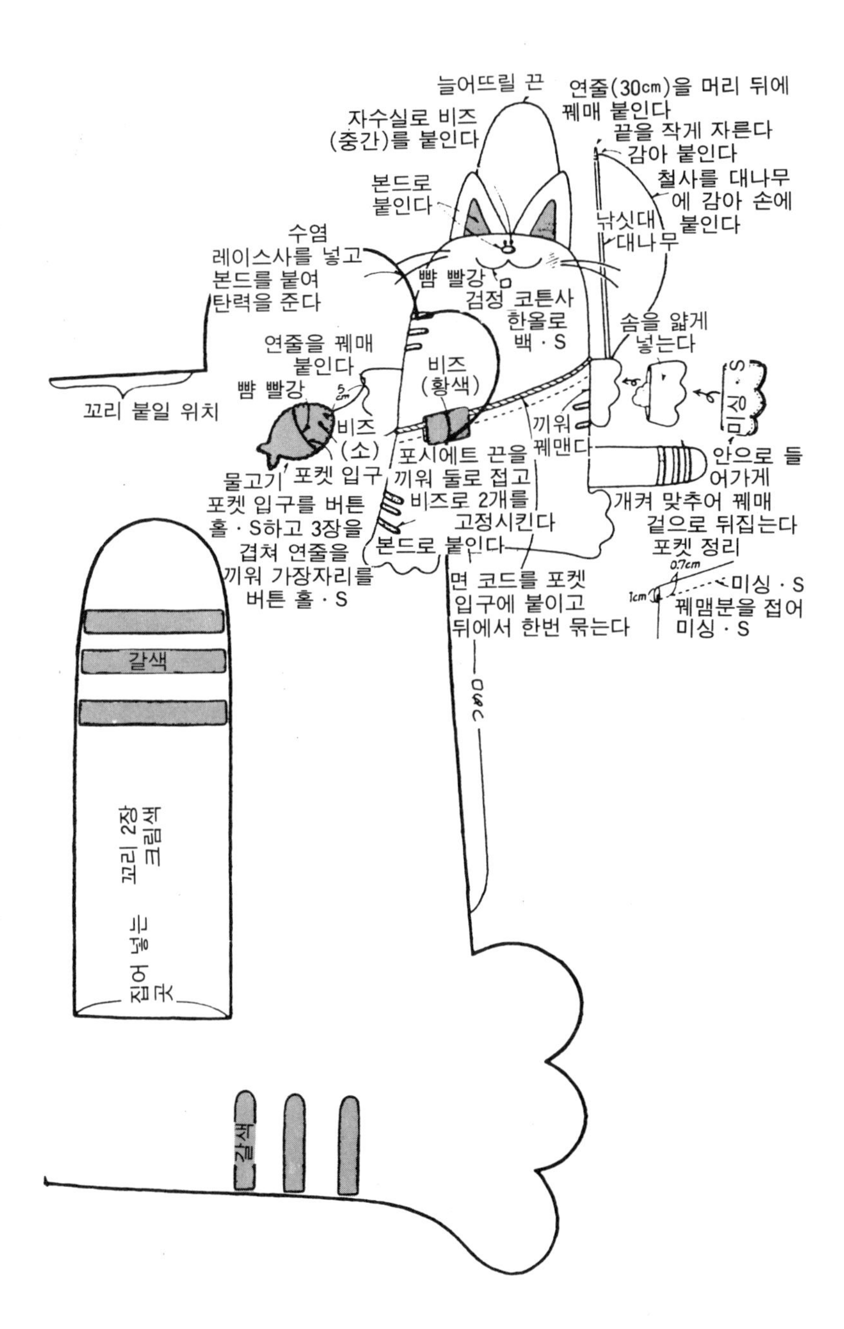

늘어뜨릴 끈
연줄(30㎝)을 머리 뒤에 꿰매 붙인다
자수실로 비즈 (중간)를 붙인다
끝을 작게 자른다
감아 붙인다
철사를 대나무에 감아 손에 붙인다
본드로 붙인다
낚싯대
대나무
수염
레이스사를 넣고 본드를 붙여 탄력을 준다
뺨 빨강
검정 코튼사 한올로 백 · S
솜을 얇게 넣는다
연줄을 꿰매 붙인다
비즈 (황색)
미싱 · S
뺨 빨강
꼬리 붙일 위치
비즈 (소)
끼워 꿰맨다
포시에트 끈을 끼워 둘로 접고 비즈로 2개를 고정시킨다
안으로 들어가게
물고기 포켓 입구
포켓 입구를 버튼 홀 · S하고 3장을 겹쳐 연줄을 끼워 가장자리를 버튼 홀 · S
개켜 맞추어 꿰매 겉으로 뒤집는다
본드로 붙인다
포켓 정리
0.7cm
1cm
미싱 · S
꿰맴분을 접어 미싱 · S
면 코드를 포켓 입구에 붙이고 뒤에서 한번 묶는다
8cm
갈색
꼬리 2장 크림색
집어 넣는 곳
갈색

⑫① ⑫② 쿠션

재 료(단위 cm) ⑫① ⑫②

		⑫①	⑫②
	면바바리 90×70	빨 강	엷은 갈색
	〃 갈 색	갈 색	짙은 갈색
	〃 76×31	흰 색	블루
	〃 33×14	황 색	황색
폭 0.4cm의 바이어스 테이프 225cm		감 색	갈색
미싱사(스티치용) 조금		감 색	갈색
솜 800g	두꺼운 종이		

재단하는 법

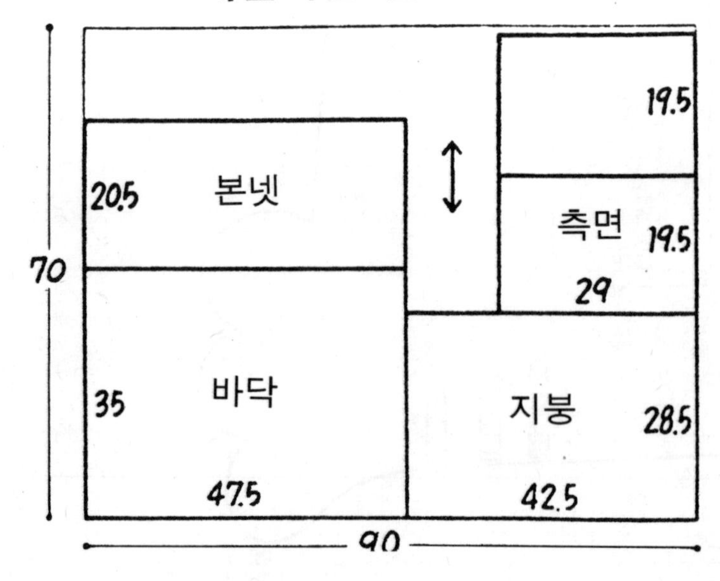

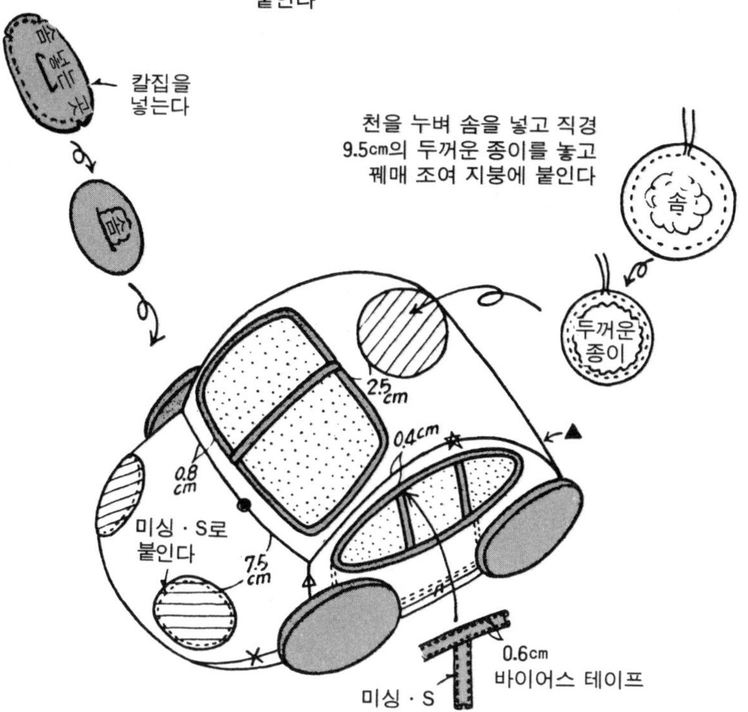

만드는 방법

① 지붕, 측면에 창을 바이어스 테이프로 꿰매고, 측면에 미싱사로 지정 위치에 2개 스티치한다.

② 본넷에 라이트를 꿰매 붙인다.

③ 지붕과 좌우의 측면을 각각 안으로 들어가게 개켜 꿰맨다.

④ 본넷과 지붕 측면을 안으로 들어가게 개켜 꿰맨다.

⑤ 바닥과 ④를 안으로 들어가게 개키고, 솜을 넣는 입구를 남긴 채 맞추어 꿰매고, 겉으로 뒤집어 솜을 넣고 입구를 막는다.

⑥ 타이어, 회전등을 각각 만들어 붙인다.

본

※창문은 재단하여 자르고 그 이외는 1cm의 꿰맴분을 붙여 재단한다. 그림을 참조하여 각각 만나는 표시를 맞추어 꿰맨다

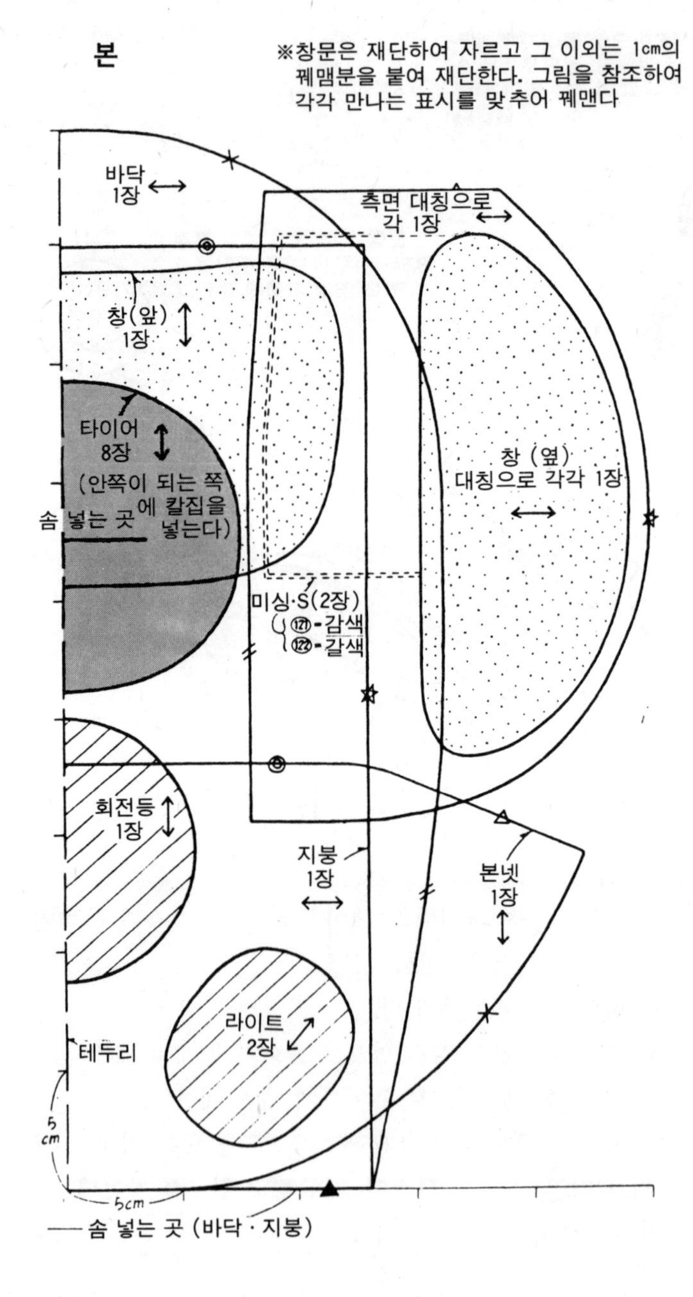

⑫⑤ ⑫⑥ 포치

재 료(단위 cm) ⑫⑤ ⑫⑥

		⑫⑤	⑫⑥
겉감, 손잡이	깅감 55×24.5	저어지	터어키 블루
안감	목면 55×21.5	갈색	터어키블루
아프리케용 목면 각각 조금		갈색, 빨간색	황색, 겨자색, 크림색
25cm의 퍼스너 각각 1개		베이지	블 루
직경 1cm의 링		각각 1개	

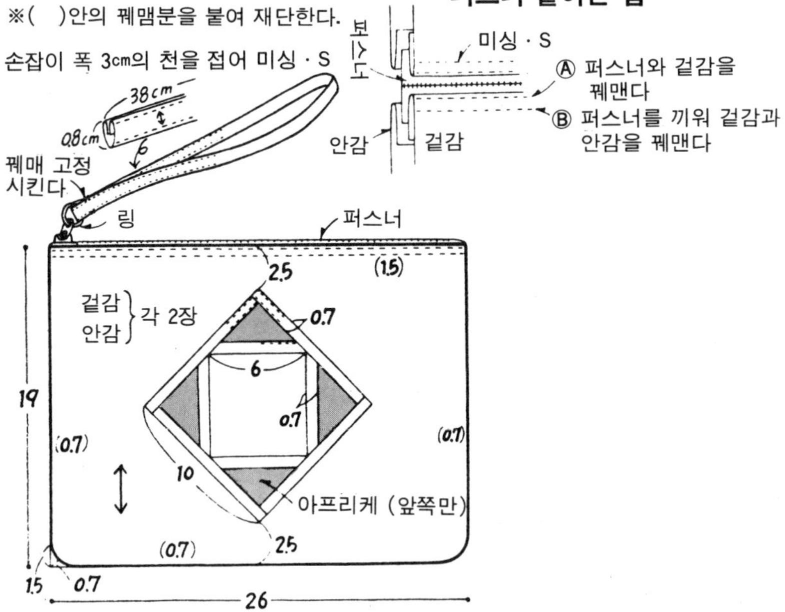

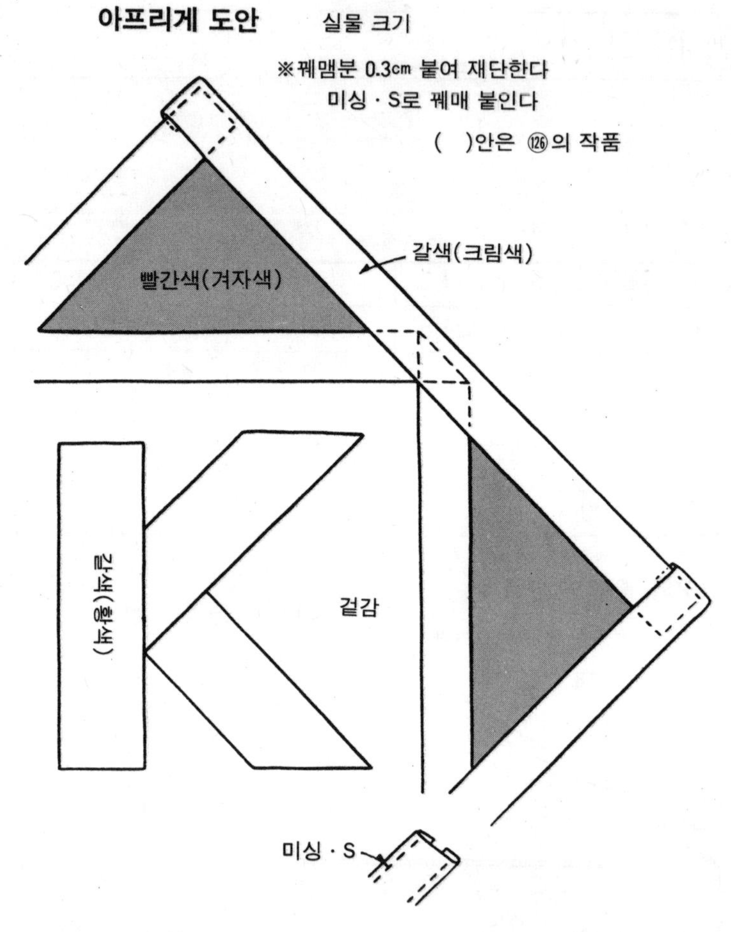

만드는 방법

① 겉감, 안감을 재단한다.

② 겉감 앞쪽에 미싱 · S로 아프리케한다.

③ 겉감, 안감을 각각 안으로 들어가게 개켜 꿰매고, 자루를 만들어 안감을 안으로 넣어 퍼스너를 붙인다.

④ 손잡이를 만들고, 퍼스너에 링을 넣고 손잡이를 꿰매 고정시킨다.

⑬② 백

재 료(단위 cm)

겉 감		감색 퀼팅지	86×52
안 감		감색 목면	86×52
포켓	좌	물색의 목면	23×19
	우	빨강, 흰색의 목면	각각 19×19
손 잡 이		폭 2.5cm의 감색 벨트	140cm
퍼 스 너		감색 40cm, 감색 20cm, 물색 15cm 각각 1개	

치수와 꿰매는 방법

※ 1cm의 꿰맴분을 붙여 재단한다.

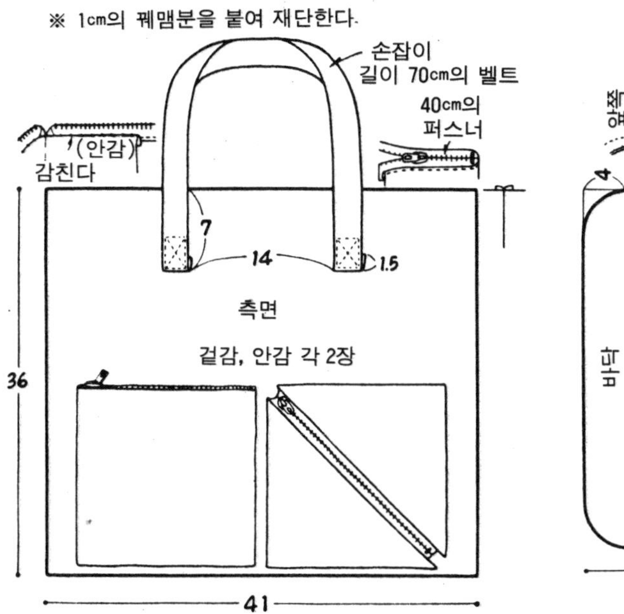

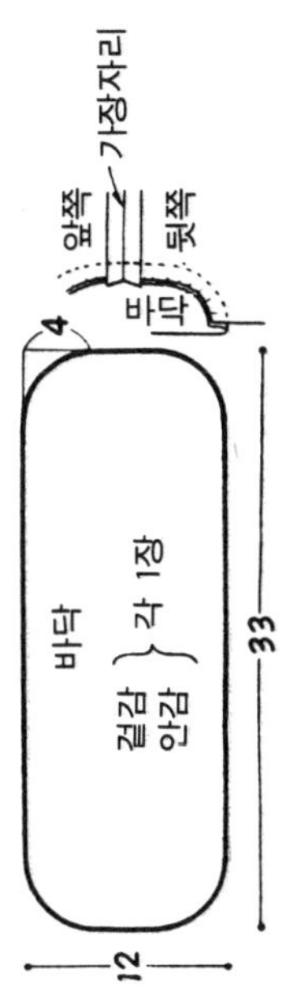

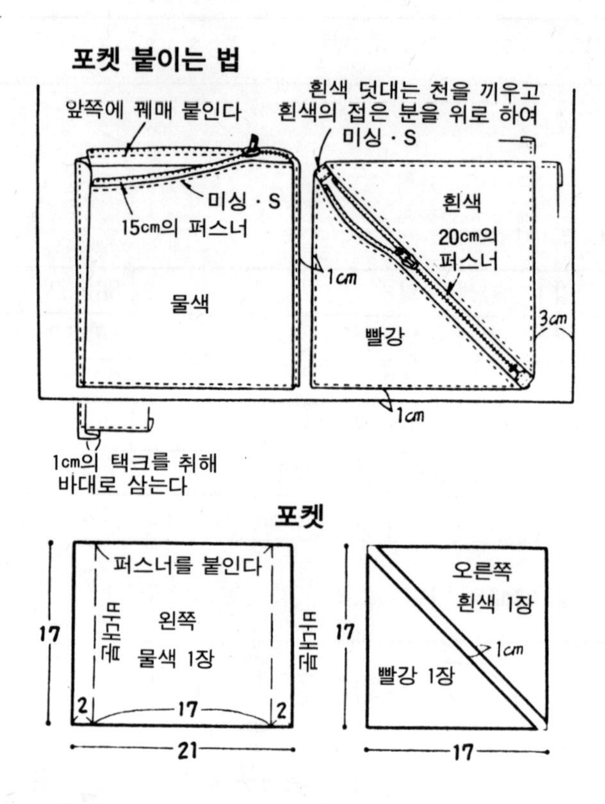

만드는 방법

① 천을 재단한다.

② 측면의 겉감에 포켓을 꿰매 붙인다.

③ 왼쪽 포켓은 퍼스너를 꿰매 붙인 뒤 양 옆 바닥을 미싱 · S로 붙이고, 오른쪽 포켓도 퍼스너를 붙인 다음 가장자리를 꿰맨다.

③ 측면의 겉감을 안으로 들어가게 개키고, 양 옆을 꿰매고, 바닥과 맞추어 꿰맨다.(안감도 마찬가지로 꿰맨다).

④ 겉감의 입구에 퍼스너를 붙이고, 안감을 넣어 입구를 접어 가장자리에 붙인다.

⑤ 손잡이를 전후의 지정 위치에 미싱 · S로 붙인다.

⑫⑨ ~ ⑬① 편리한 주머니

재 료(단위 cm)

	⑫⑨	⑬⓪	⑬①
캠버스 53×37.5	마전하지 않은무명	블루	마전하지 않은무명
폭 2.5cm의 테이프	106	216	106
직경 0.5cm의 코드	110		106
이미 제작된 와펜			1 장
내경 0.8cm의 간막이	각 10 개		

치수와 꿰매는 방법

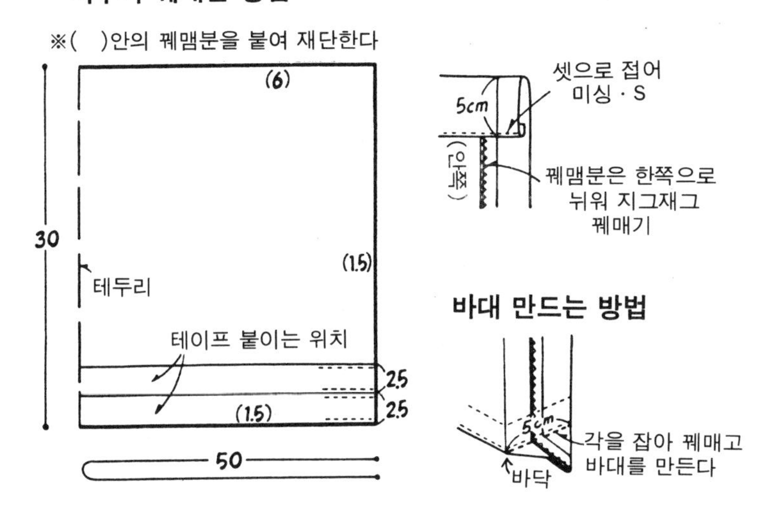

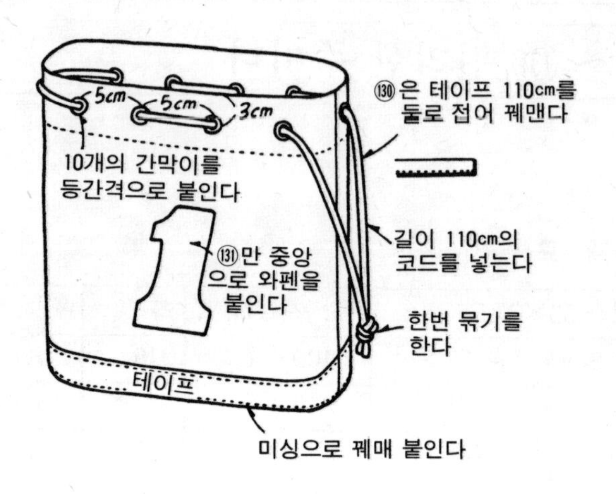

만드는 방법

① 천을 재단한다.

② 테이프를 붙여 꿰맨다.

③ 안으로 들어가게 개켜 옆 바닥을 꿰매고, 끝을 지그재그 꿰매기로 정리하여 바닥의 각을 잡아 바대를 만든다.

④ 입구를 셋으로 접어 꿰매고 간막이를 붙인다.

⑤ 코드를 넣어 한번 묶기를 한다. ⑬은 테이프로 끈을 만들어 넣는다.

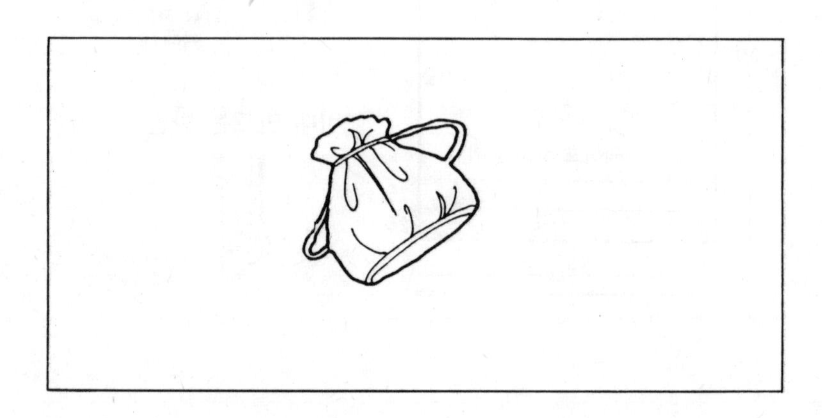

④⑤ 배낭, 작은 물건 넣는 것

만드는 방법

① 천을 재단한다.

② 와펜은 베이지를 토대로 하여 아프리케를 하고, 가장자리를 바이어스 테이프로 파이핑한다.

③ 포켓 입구를 꿰매 버튼 구멍을 사뜨고, 토대천에 포켓을 꿰맨다. 토대천에 벨트 윗쪽 10㎝를 꿰매 붙이고, 토대천을 안으로 들어가게 개켜 꿰매고 입구를 꿰맨다.

④ 뚜껑 2장을 안으로 들어가게 개켜 뒤집을 곳을 남기고 맞추어 꿰매고, 겉으로 뒤집어 스티치를 하고, 토대천에 꿰매 붙이고 루우프 고리를 단다.

⑤ 벨트 아래쪽은 고리를 넣어 버튼을 고정시킨다.

⑥ 와펜을 뚜껑 주위에 붙이고 스폰지를 잘라 바닥에 깐다.

배낭

치수와 꿰매는 방법

※토대천, 포켓 입구 이외는 전부 1㎝의 꿰맴분을 붙여 재단한다

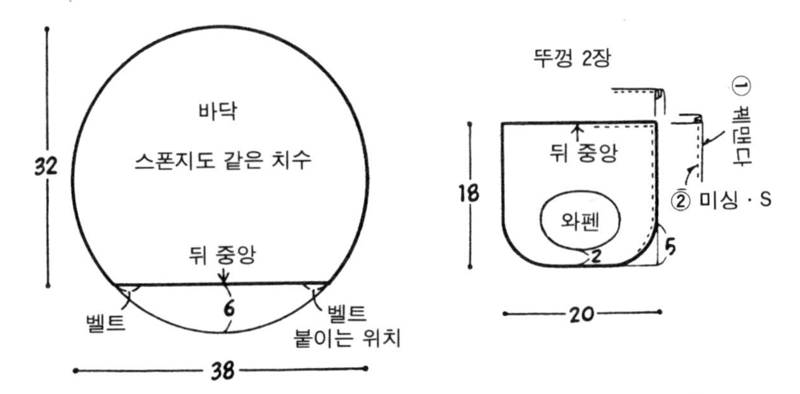

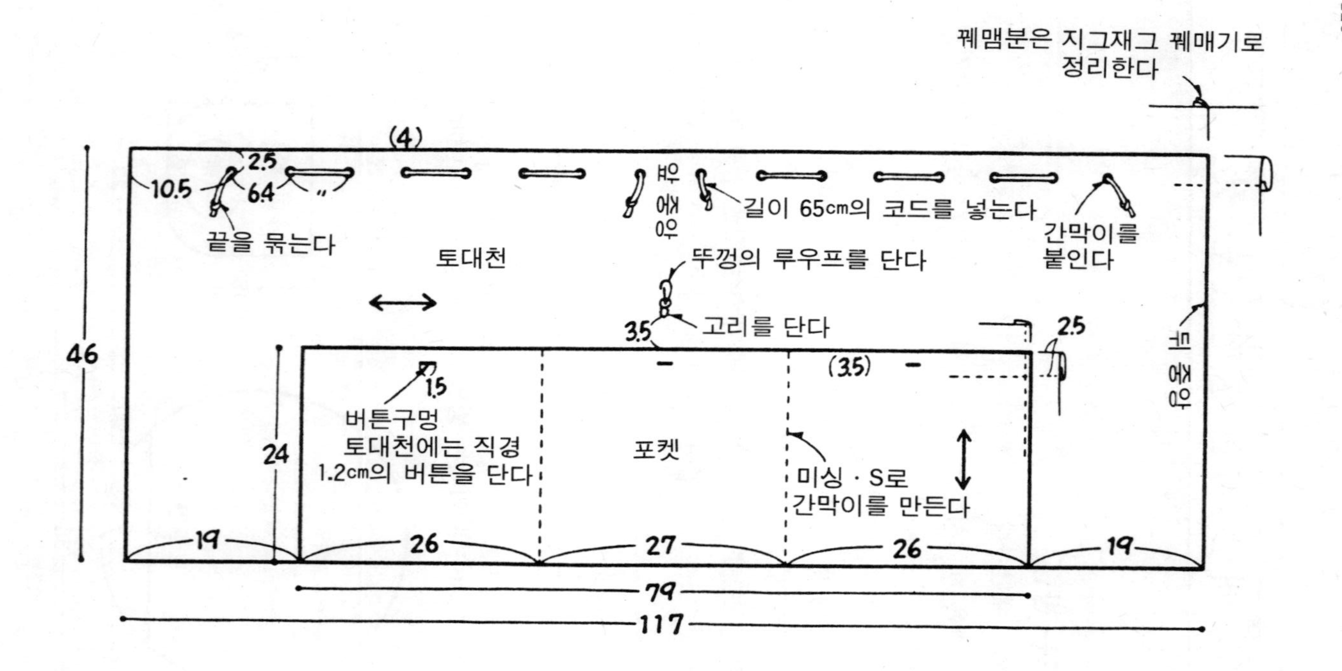

꿰맴분은 지그재그 꿰매기로
정리한다
(4)
2.5
10.5
6.4
"
끝을 묶는다
토대천
앞 중앙
길이 65cm의 코드를 넣는다
간막이를
붙인다
뚜껑의 루우프를 단다
3.5
고리를 단다
2.5
뒤 중앙
(3.5)
1.5
버튼구멍
토대천에는 직경
1.2cm의 버튼을 단다
포켓
미싱 · S로
간막이를 만든다
46
24
19
26
27
26
19
79
117

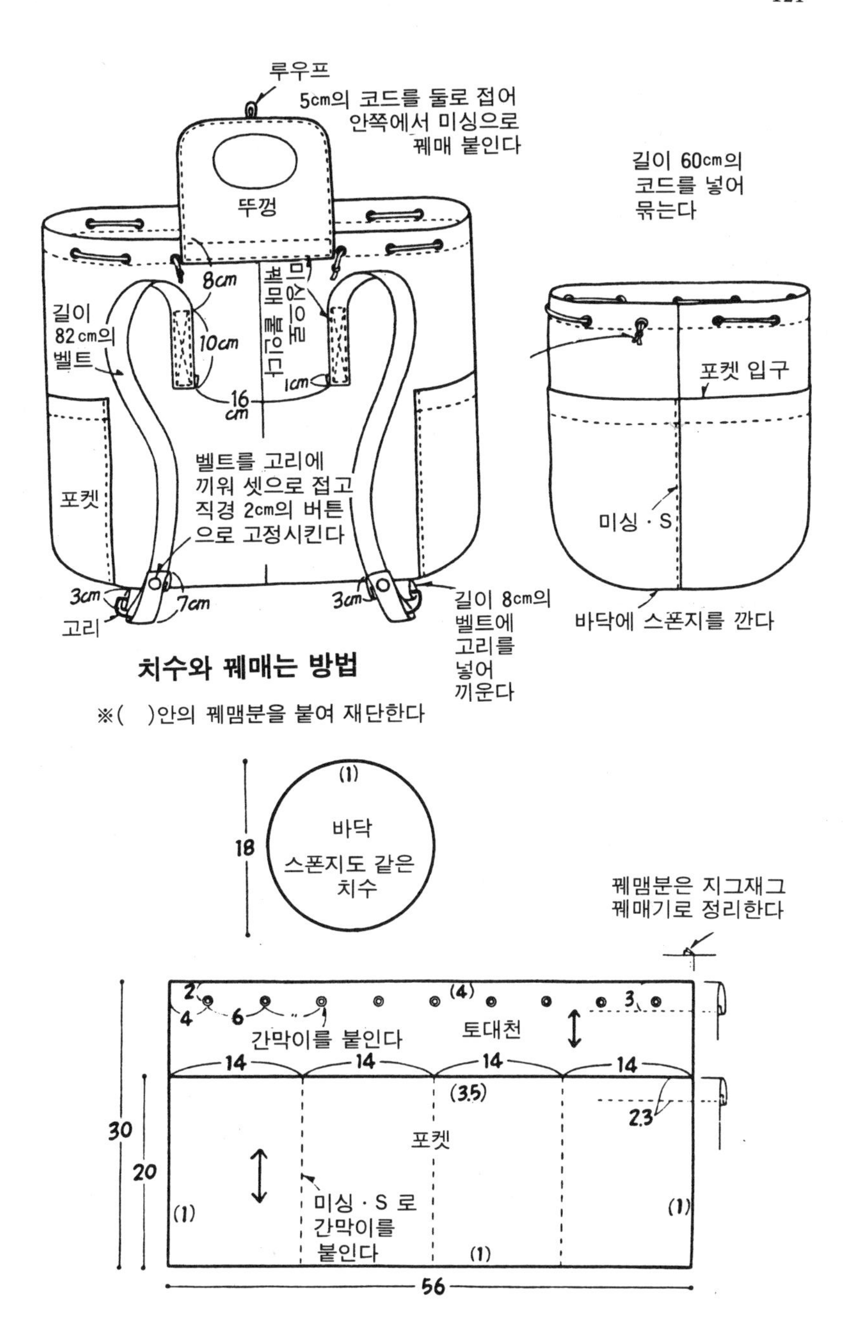
루우프
5cm의 코드를 둘로 접어 안쪽에서 미싱으로 꿰매 붙인다
길이 60cm의 코드를 넣어 묶는다
뚜껑
8cm
10cm
16 cm
1cm
미싱으로 꿰매 붙인다
길이 82cm의 벨트
포켓
벨트를 고리에 끼워 셋으로 접고 직경 2cm의 버튼으로 고정시킨다
3cm
7cm
고리
3cm
길이 8cm의 벨트에 고리를 넣어 끼운다
포켓 입구
미싱 · S
바닥에 스폰지를 깐다
치수와 꿰매는 방법
※( )안의 꿰맴분을 붙여 재단한다
(1)
바닥
스폰지도 같은 치수
18
꿰맴분은 지그재그 꿰매기로 정리한다
2
4
6
(4)
3
간막이를 붙인다
토대천
14
14
14
14
(3.5)
2.3
30
20
포켓
미싱 · S 로 간막이를 붙인다
(1)
(1)
(1)
56

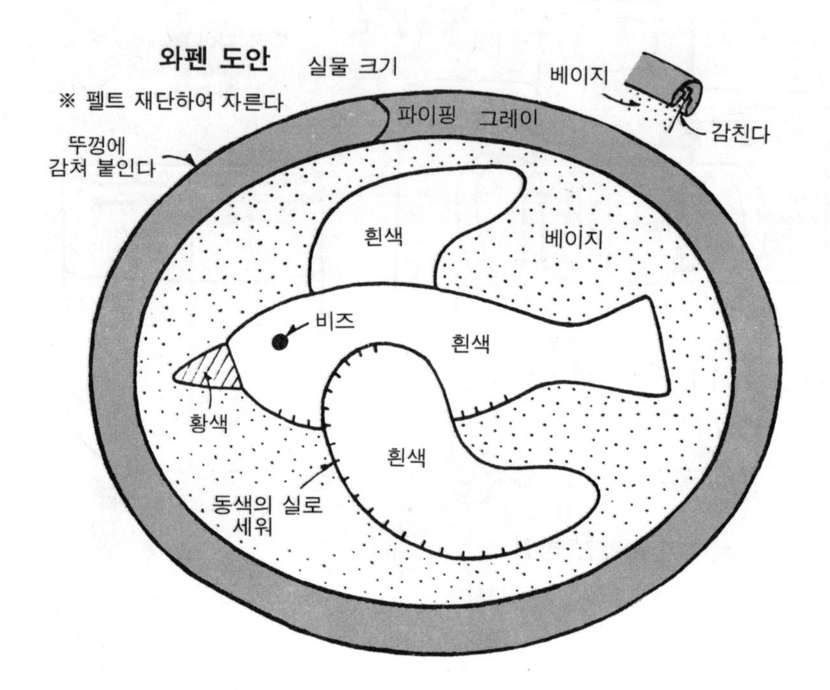

만드는 방법

① 천을 재단한다.

② 포켓 입구를 꿰맨다.

③ 토대천에 포켓을 겹쳐 스티치를 3개 더해 간막이를 붙이고, 안으로 들어가게 개켜 맞추어 양끝을 꿰매고, 테두리를 만든다.

④ 토대천과 바닥을 안으로 들어가게 개켜 맞추어 꿰매고, 꿰맴분은 지그재그 꿰매 정리한다.

⑤ 입구를 꿰매 간막이를 붙이고 코드를 끼운다.

⑥ 스폰지를 잘라 바닥에 깐다.

재 료(단위 cm) ④배낭 ⑤작은 물건 넣는 것

<table>
<tr><td>토대천바닥뚜껑</td><td colspan="2">블루의 샤아크스킨</td><td>90×119</td><td>58×55</td></tr>
<tr><td>포켓</td><td colspan="2">블루와 그레이의 줄무늬 브로드</td><td>81×28.5</td><td>58×24.5</td></tr>
<tr><td colspan="3">두께 1cm의 스폰지</td><td>38×32</td><td>18×18</td></tr>
<tr><td colspan="3">내경 0.6cm의 간막이</td><td>16개</td><td>9개</td></tr>
<tr><td colspan="3">직경 0.5cm의 블루 코드</td><td>135cm</td><td>60cm</td></tr>
<tr><td colspan="3">폭 3cm의 그레이 벨트</td><td>180cm</td><td></td></tr>
<tr><td colspan="3">폭 3cm의 그레이 고리</td><td>2개</td><td></td></tr>
<tr><td colspan="3">블루의 고리</td><td>1개</td><td></td></tr>
<tr><td colspan="2" rowspan="2">흰색 버튼</td><td>직경 2cm</td><td>2개</td><td></td></tr>
<tr><td>직경 1.2cm</td><td>3개</td><td></td></tr>
<tr><td rowspan="3">와펜</td><td>펠트</td><td>베이지, 흰색, 황색</td><td>각 조금</td><td></td></tr>
<tr><td colspan="2">폭 1.2cm의 그레이 바이어스 테이프</td><td>30cm</td><td></td></tr>
<tr><td colspan="2">블루 비즈</td><td>1개</td><td></td></tr>
</table>

③ 데이백

만드는 방법

① 천을 재단한다.

② 앞쪽에 티롤 테이프를 꿰매 붙이고 아프리케한다.

③ 윗 바대에 퍼스너를 붙이고, 아랫 바대와 안으로 들어가게 개켜 맞추어 꿰맨다.

④ 어깨 밴드 중앙에 벨트를 꿰매 붙인 뒤 안으로 들어가게 개켜 꿰매고, 겉으로 뒤집어 벨트 끝에 고리를 넣고 접어 뒤집어 상하를 꿰맨다.

⑤ 뒷쪽과 바대를 안으로 들어가게 개켜 맞추어 어깨 밴드와 낚시줄을 끼워 맞추어 꿰맨다.

앞쪽과 바대도 꿰맨다.

⑥ ⑤와 바닥은 벨트를 끼워 맞추어 꿰맨다.

천 꿰매는 방법

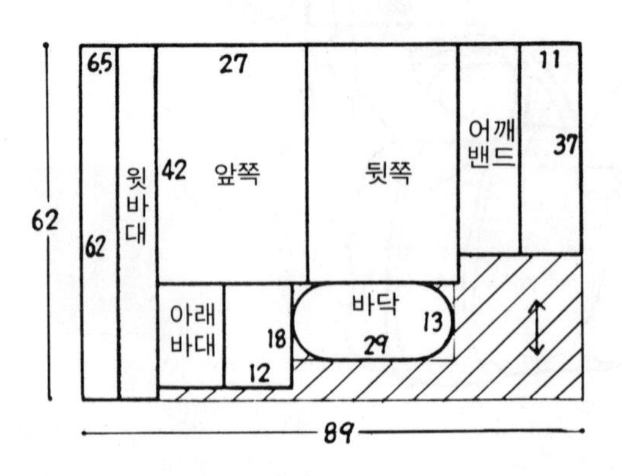

치수와 꿰매는 방법

※ 1cm의 꿰맴분을 붙여 재단한다

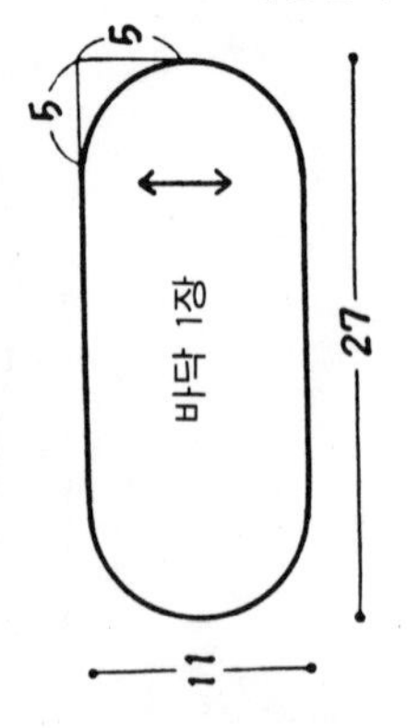

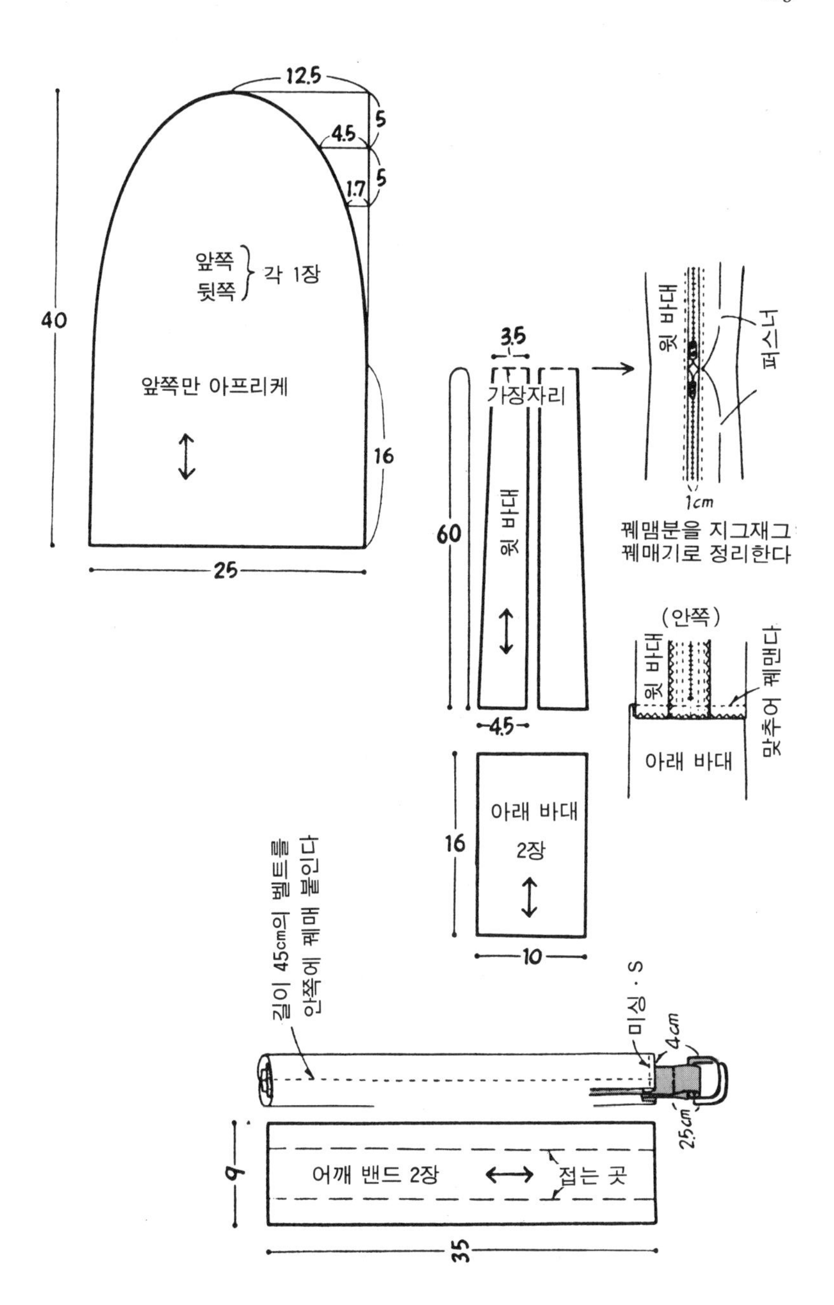
12.5
5
4.5
5
1.7
앞쪽
뒷쪽
각 1장
40
앞쪽만 아프리케
16
25
3.5
가장자리
윗 바대
60
4.5
아래 바대
2장
16
10
윗 바대
퍼스너
1cm
꿰맴분을 지그재그
꿰매기로 정리한다
(안쪽)
윗 바대
맞추어 꿰맨다
아래 바대
길이 45cm의 벨트를
안쪽에 꿰매 붙인다
미싱 · S
4cm
2.5cm
9
어깨 밴드 2장
접는 곳
35

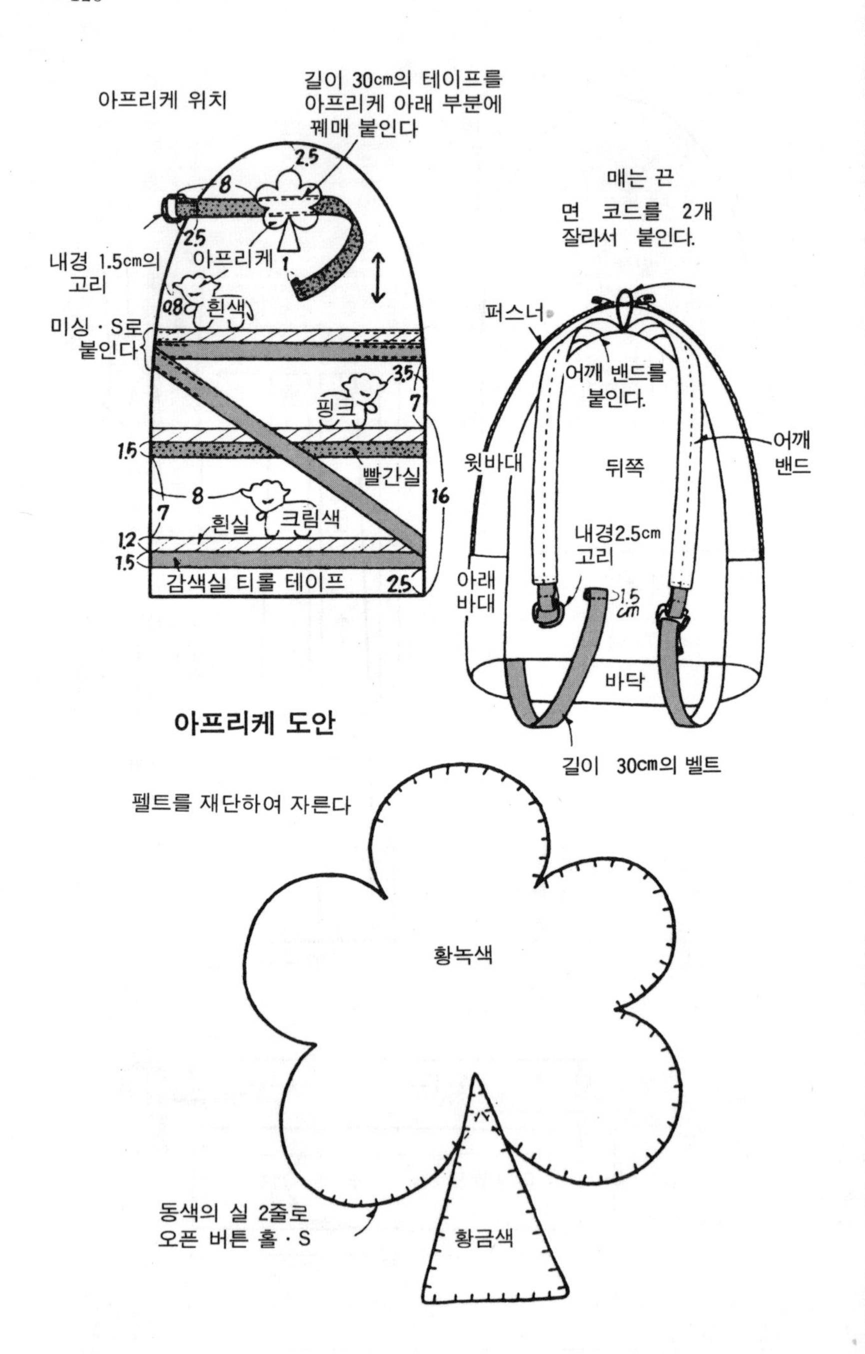
아프리케 위치
길이 30cm의 테이프를
아프리케 아래 부분에
꿰매 붙인다
2.5
8
2.5
내경 1.5cm의
고리
아프리케
1
0.8
흰색
미싱 · S로
붙인다
3.5
7
핑크
1.5
빨간실
8
16
7
흰실
크림색
1.2
1.5
감색실 티롤 테이프
2.5
매는 끈
면 코드를 2개
잘라서 붙인다.
퍼스너
어깨 밴드를
붙인다.
어깨
밴드
윗바대
뒤쪽
내경2.5cm
고리
아래
바대
1.5
cm
바닥
길이 30cm의 벨트
아프리케 도안
펠트를 재단하여 자른다
황녹색
동색의 실 2줄로
오픈 버튼 홀 · S
황금색

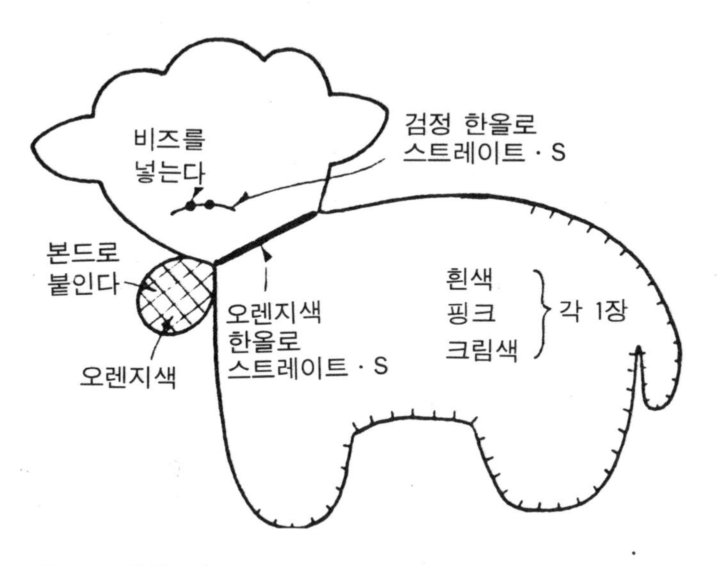

재 료(단위 cm)

<table>
<tr><td colspan="3">파우더 그린의 퀼팅천</td><td>89×62</td></tr>
<tr><td colspan="3">폭 2.5cm의 벨트</td><td>150cm</td></tr>
<tr><td colspan="3">30cm의 흰색 퍼스너</td><td>2개</td></tr>
<tr><td rowspan="3">티롤 테이프</td><td rowspan="2">폭 1.5cm</td><td>감색실</td><td>90cm</td></tr>
<tr><td>빨간실</td><td>60cm</td></tr>
<tr><td>폭 1.2cm</td><td>흰색실</td><td>85cm</td></tr>
<tr><td colspan="2" rowspan="2">그린의 고리</td><td>내경 2.5cm</td><td>4개</td></tr>
<tr><td>내경 1.5cm</td><td>2개</td></tr>
<tr><td>낚시줄</td><td colspan="2">직경 0.5cm의 흰색 면 코드</td><td>10cm</td></tr>
<tr><td rowspan="4">아프리케</td><td>벨 트</td><td>흰색, 핑크, 크림색, 황녹색, 황금색, 오렌지색</td><td>각각 조금</td></tr>
<tr><td>25번 자수사</td><td>검정, 오렌지색</td><td>각각 조금</td></tr>
<tr><td colspan="2">검정 비즈</td><td>6개</td></tr>
<tr><td colspan="3">본드</td></tr>
</table>

⑩⑪ 라켓 케이스

재 료(단위 cm)

			⑩	⑪
체크 퀼팅지 88×33			그 린	감 색
폭 1.8cm의 바이어스 테이프 170cm			〃	〃
28cm의 바이어스 퍼스너 1개			〃	〃
자수용	흰색 브로드		각 20×15	
	25번 자수실	문 자	빨 강	황 색
		가장자리	그 린	감 색

치수와 꿰매는 방법

※ 토대천을 재단하여 자른다
자수천은 1cm의 꿰맴분을 붙여 재단한다

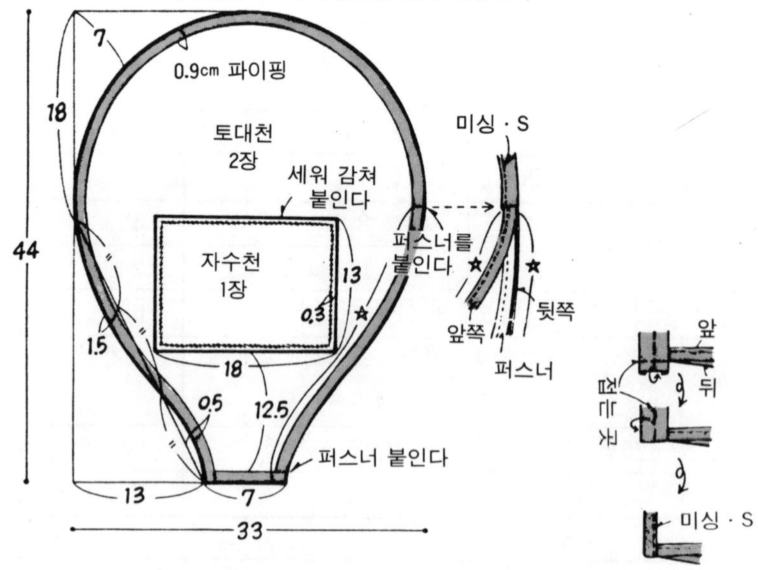

만드는 방법

① 천을 재단한다.

② ☆ 표시의 앞쪽, 뒷쪽을 각각 파이핑하고 퍼스너를 붙인다.

③ 입구를 파이핑하고 앞·뒤를 겹쳐 퍼스너를 붙여 파이핑한다.

④ 자수천을 토대천에 감쳐 붙이고, 토대천까지 바늘을 넣어 자수를 놓는다.

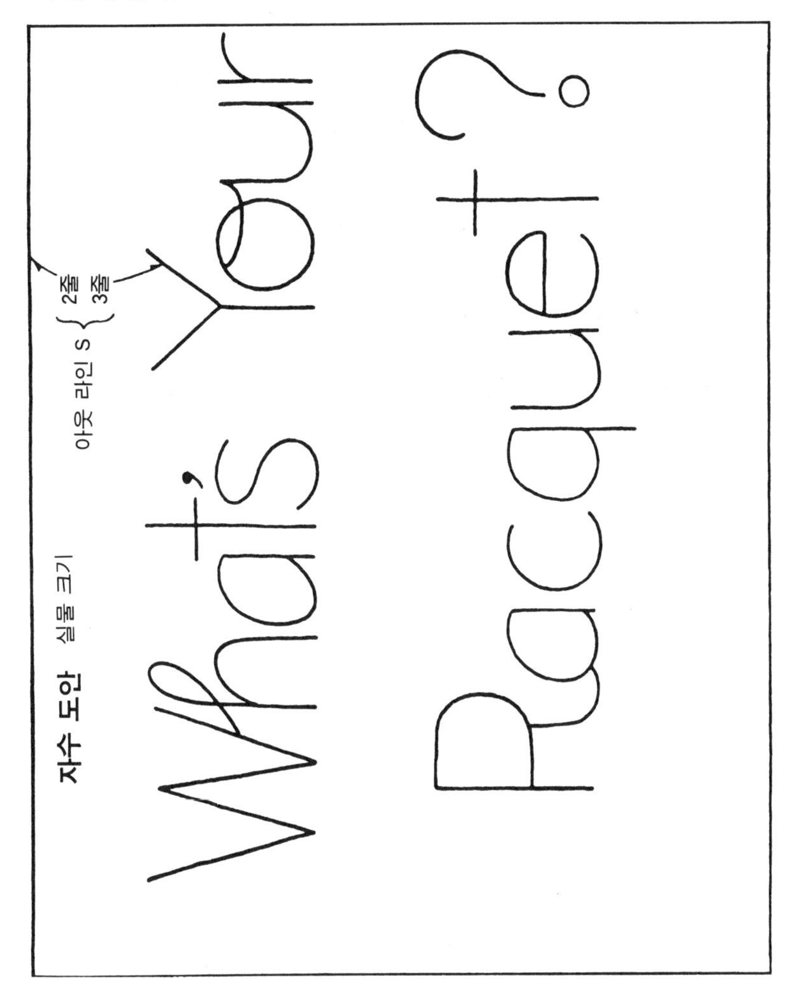

자수 도안 실물 크기

⑬⑭ 라켓 케이스

재 료(단위 cm) ⑬ ⑭

재료			⑬	⑭
퀼팅지 76×28			겨 자 색	올리브그린
폭 1.8cm의 바이어스 테이프	■	185cm	올리브그린	겨 자 색
	▨	50cm	흰 색	흰 색
30cm의 퍼스너 1개			겨자색	올리브그린
아프리케	25번 자수실 조금		올리브그린	겨자색
	▩ 브로드 조금		올리브그린	겨자색

아프리케 실물 크기

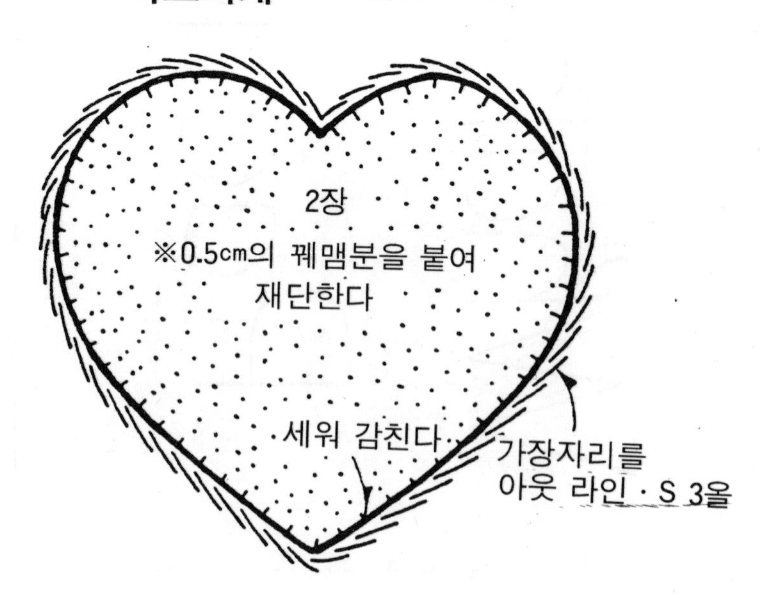

치수와 꿰매는 방법

※앞쪽, 뒷쪽 각각 1장을 재단하여 자르고
앞쪽만 아프리케

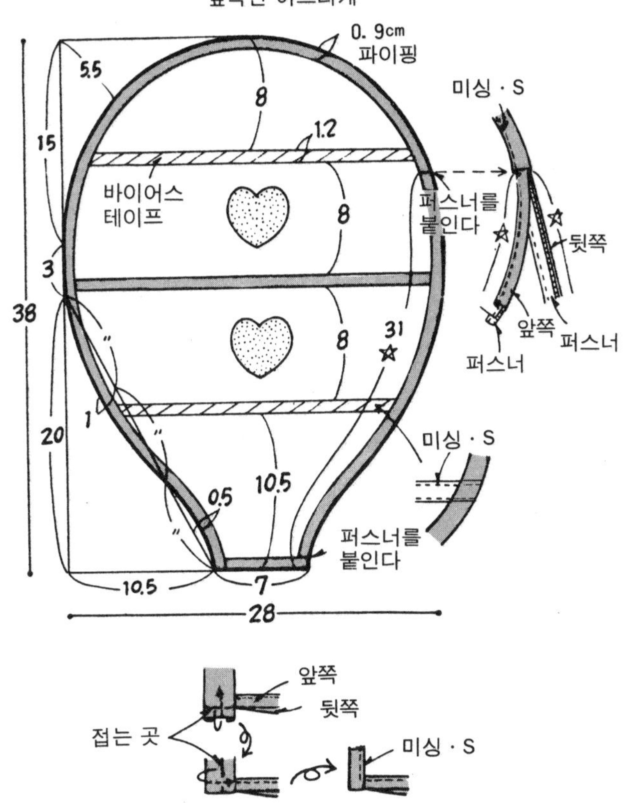

만드는 방법

① 천을 재단한다.

② 앞쪽에 바이어스 테이프를 폭 1.2㎝로 하여 꿰매 붙인다.

③ 바이어스 테이프로 ☆표시의 앞 · 뒷쪽을 파이핑하고, 퍼스너를 겹쳐 맞추어 꿰맨다.

④ 입구를 파이핑하고 가장자리를 앞뒤 겹쳐 퍼스너를 붙인 데까지 파이핑한다.

⑤ 앞쪽에 세워 감치기로 아프리케와 자수를 놓는다.

㉘ 테니스 백

만드는 방법

① 천을 재단한다.

② 작은 포켓의 가장자리와 큰 포켓의 입구, 라켓 고정구, 가장자리에 테이프를 둘로 접어 미싱 · S하고, 라켓 고정구에는 매재 테이프를 붙인다.

③ 큰 포켓 손잡이의 일부를 꿰매 붙이고, 토대천을 겹쳐 바닥을 미싱 · S 2줄로 누르고,

④ 손잡이를 붙이고, 라켓 고정구와 작은 포켓을 꿰매 붙인다.

⑤ 가장자리를 테이프로 둘러싸고 입구에는 퍼스너를 끼워 함께 꿰매 붙인다.

⑥ 바닥을 그림과 같이 접고, ⊙표시를 미싱 · S로 꿰맨다.

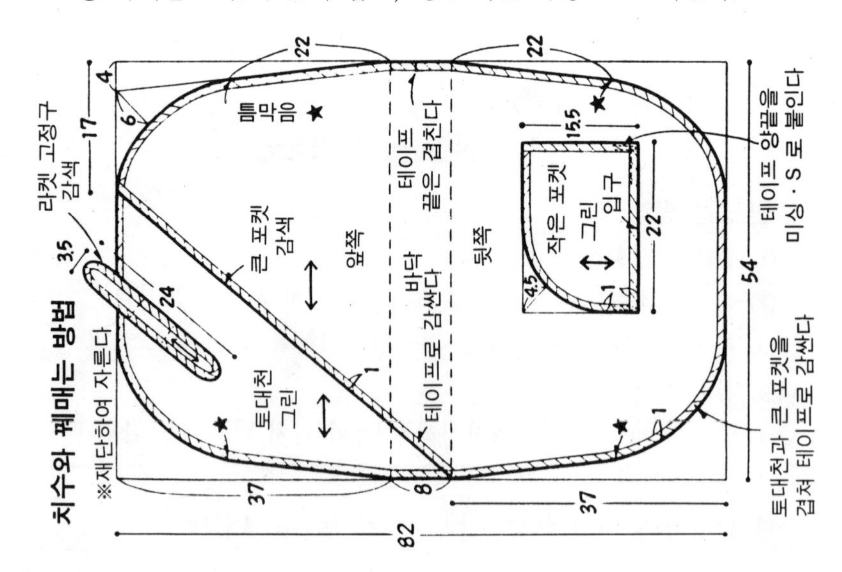

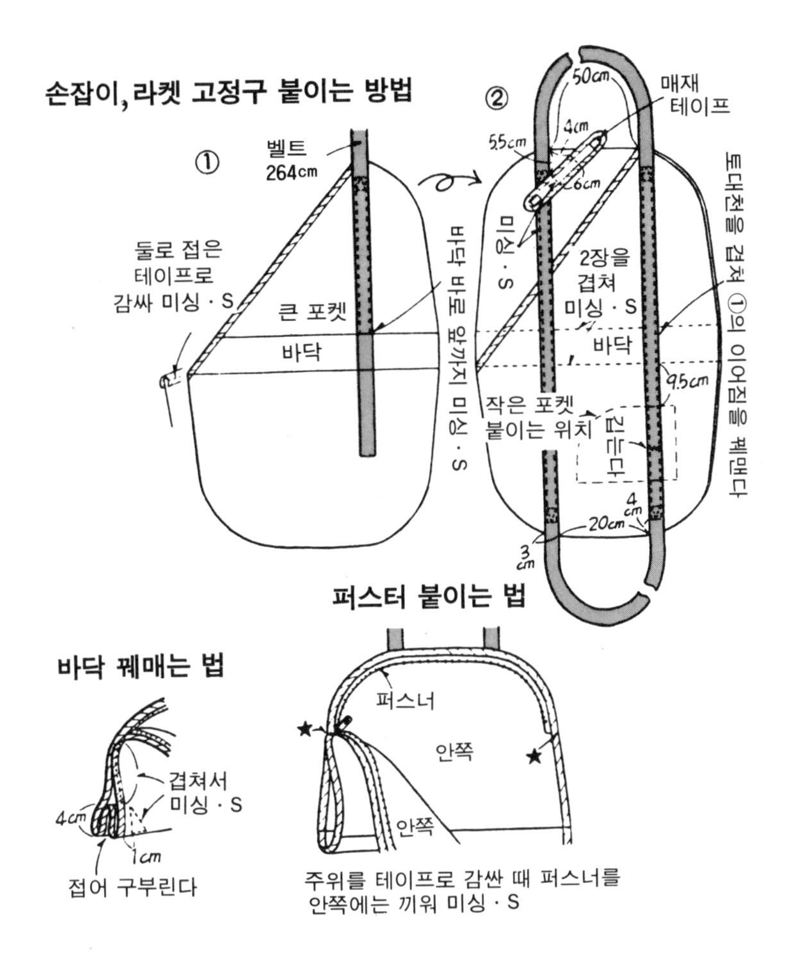

재　료(단위 cm)

토대천, 작은 포켓	나일론실　그린	82×69.5
큰 포켓, 라켓 고정구	나일론사 그린, 감색	82×54
손잡이	폭 3cm의 검정 면 벨트	264cm
폭 2cm의 검정 면 테이프		420cm
54cm의 검정 퍼스너		1개
폭 2cm의 검정 매재 테이프		3cm

⑳~㉔ 편리한 주머니

재 료(단위 cm)		⑳	㉑	㉒	㉓	㉔
앞, 뒷쪽	시팅 77×30	겨자색	고동색이섞인연두색	엷은자주	핑크	감색
아프리케, 덧대기용 목면14×13		고동색이섞인연두색	겨자색	핑크	엷은자주	물색
25번 자수실 각각 조금		황색	그린	자주	핑크	블루
끈	폭 2cm의 면 테이프	각각 70cm				

치수와 꿰매는 방법

※( ) 안의 꿰맴분을 붙여 재단한다.
아프리케 덧대는 천은 0.5cm

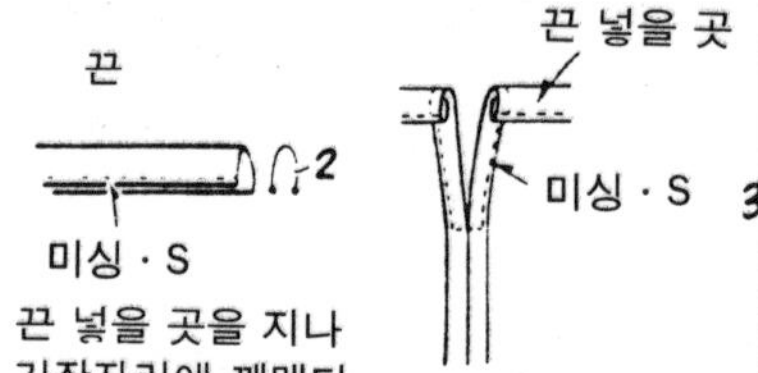

끈
2
미싱 · S
끈 넣을 곳을 지나 가장자리에 꿰맨다.

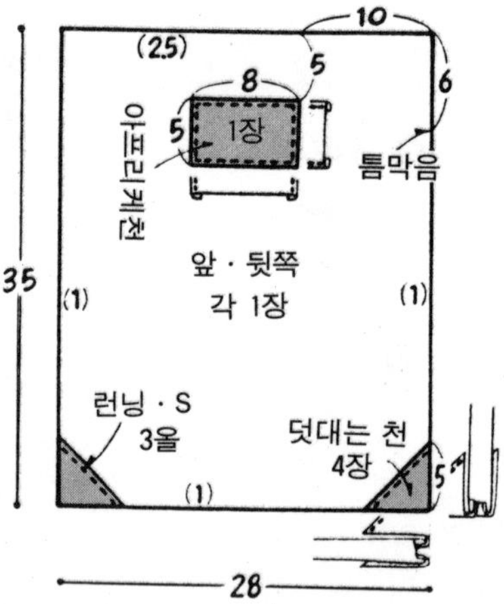

끈 넣을 곳
미싱 · S

10
(2.5)
5
8
6
5
1장
아프리케천
틈막음
35
앞 · 뒷쪽
각 1장
(1)
(1)
런닝 · S
3올
덧대는 천
4장
5
(1)
28

자수 도안

실물 크기
※실은 3올

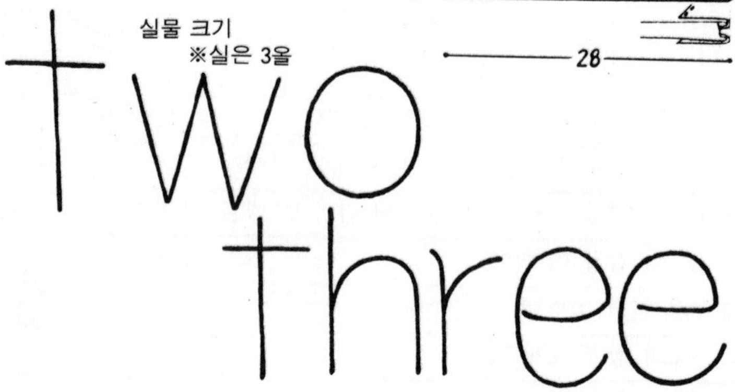

two
three

만드는 방법

① 천을 재단한다.

② 덧대는 천을 앞·뒷쪽에 각각 런닝 · S 로 꿰매 붙인다.

③ 앞 · 뒷쪽을 안으로 들어가게 개켜 맞추고, 옆을 남기고 꿰매 붙인다.

④ 옆 가장자리를 미싱 · S로 누르고, 끈 넣을 곳은 입구를 접어 미싱 · S 한다.

⑤ 아프리케천을 런닝 · S로 꿰매 붙이고 넘버를 자수로 놓는다.

⑥ 끈을 꿰매고, 끈 넣는 곳을 통과시켜 가장자리에 맞추어 꿰맨다.

⑮~⑱ 그립 커버

재　료(단위 cm)

마전하지 않은 무명의 퀼팅지	각각 25×17
폭 2.5cm의 티롤 테이프 4색	각각 17cm
직경 0.3cm의 흰색 면 코드	각각 65cm
폭 1.8cm의 바이어스 테이프	각각 17cm
방울용 중간 굵기 털실 4색	각각 조금

치수와 꿰매는 방법

※( )안의 꿰맴분을 붙여 재단한다

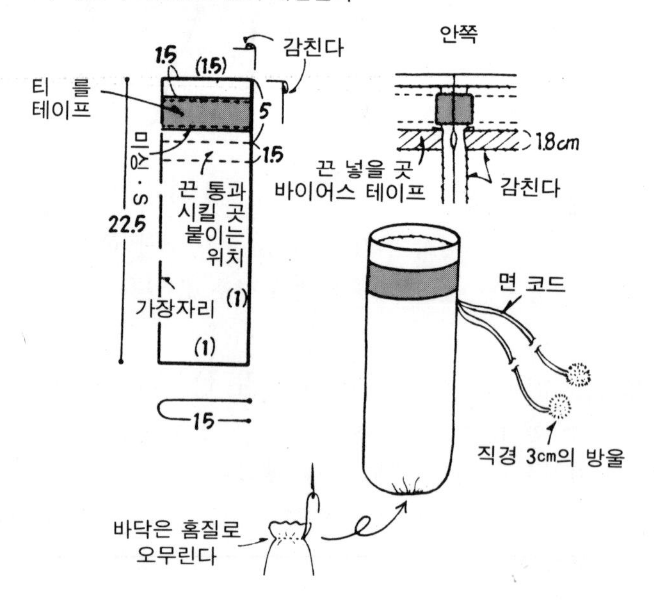

방울 만드는 법

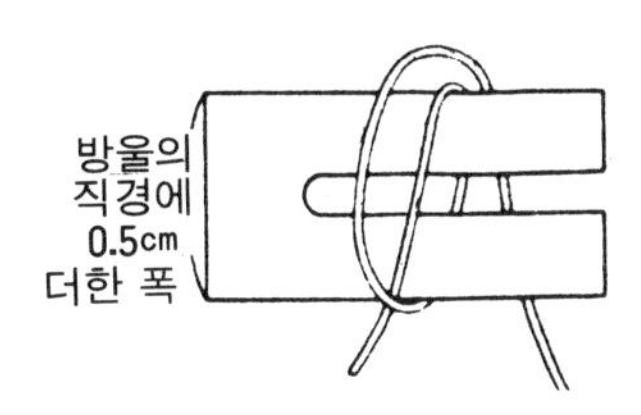

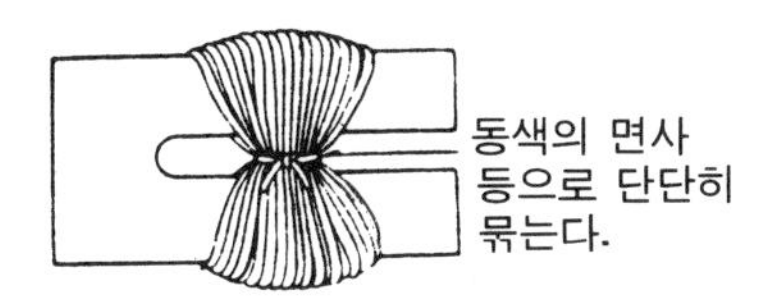

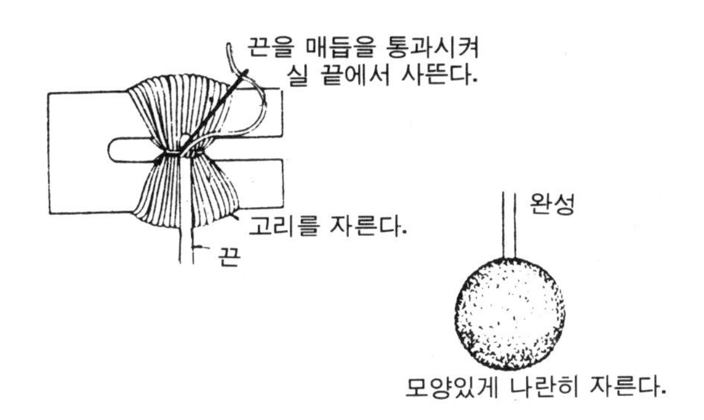

만드는 방법

① 천을 재단한다.

② 티롤 테이프를 꿰매 붙인다.

③ 천을 안으로 들어가게 개켜 끈 넣을 곳을 남긴 채 옆을 꿰매고, 끝 정리를 하고, 입구도 꿰맴분을 접어 감치고 가장자리를 꿰매 조인다.

④ 바이어스 테이프로 끈 넣을 곳을 만들고, 겉으로 뒤집어 끈을 넣고 방울을 만들어 붙인다.

⑲ 볼 넣는 것

재 료(단위 cm)

마전하지 않은 무명의 퀼팅지	40×27
빨간천에 흰색 조그만 꽃 프린트	38×9
폭 1.8cm의 베이지 바이어스 테이프	29cm
스냅 (대)	1 쌍
25번 자수실	빨강, 흰색 각각조금

치수와 꿰매는 방법

※( )안의 꿰맴분을 붙여 재단한다.
천 끝을 지그재그 꿰매기로 정리한다.

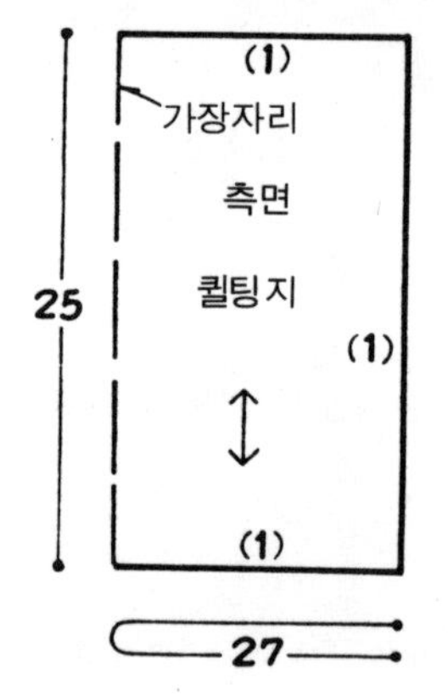

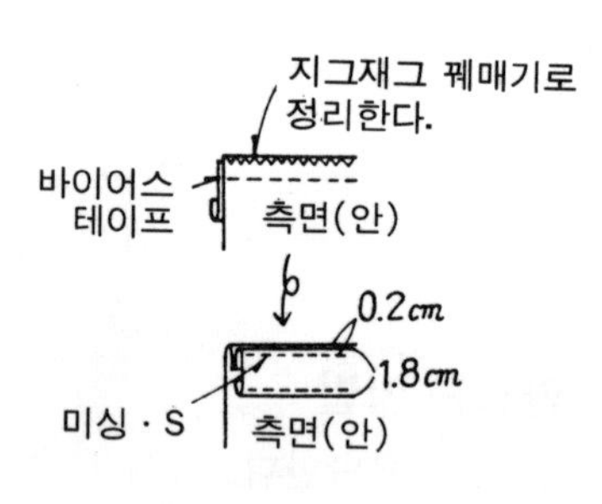

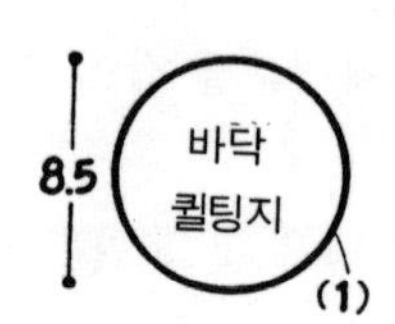

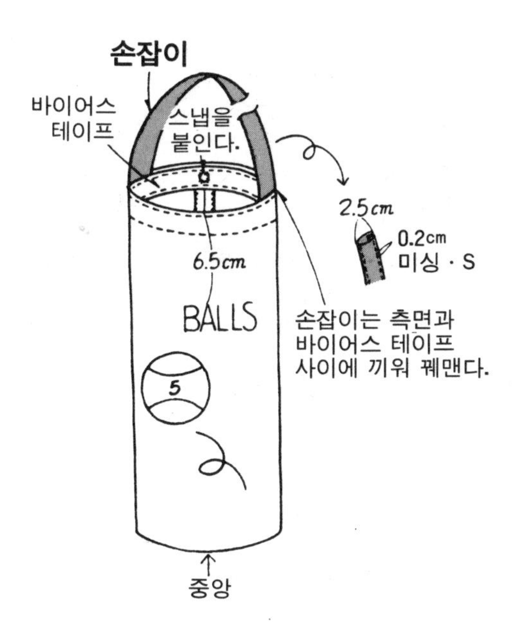

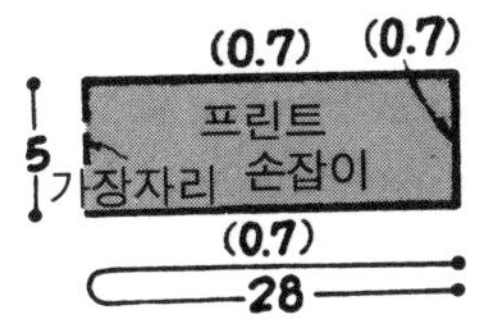

아프리케와 자수 도안

실물 크기

빨강으로 아웃라인 · S

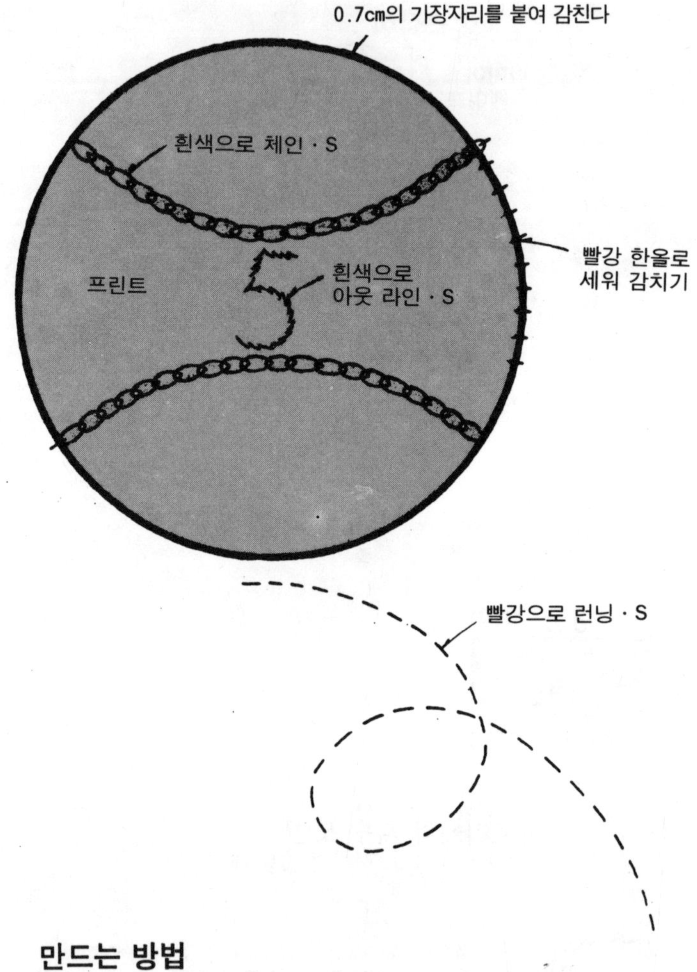

만드는 방법

① 천을 재단하여 양끝을 지그재그로 꿰매 정리한다.

② 아프리케와 자수를 놓는다.

③ 측면을 안으로 들어가게 개켜 꿰매고, 바닥과 측면도 맞추어 꿰맨다.

④ 손잡이를 꿰매고 입구에 끼워 안쪽을 바이어스 테이프로 정리하고 스냅을 붙인다.

㉞~㊱ 안경 케이스

재 료(단위 cm)

		㉞	㉟	㊱
앞쪽 뒷쪽	퀼팅지 28×22	그 린	핑 크	오렌지색
폭 1.8cm의 바이어스 테이프 85cm		빨강	황 색	감 색
매직 테이프 2.5×3		그레이	핑 크	감 색
장식 버튼		각각 3개		

치수와 꿰매는 방법

※ 재단하여 자른다

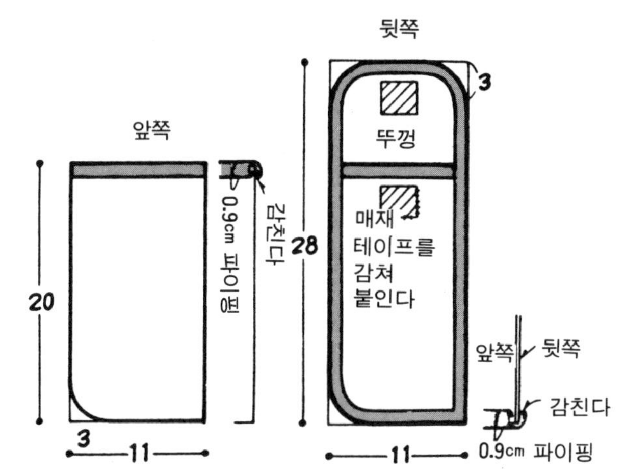

만드는 방법

① 천을 재단한다.

② 앞쪽 입구에 바이어스 테이프로 파이핑한다.

③ 뒤, 앞을 겹치고 가장자리를 파이핑한다.

④ 매직 테이프를 붙이고 뚜껑 겉쪽에 장식 버튼을 단다.

㉛ ~ ㉝ 편리한 주머니

재 료(단위 cm)

		㉛	㉜	㉝
에메랄드 그린의 파일천		28×21	24×17	22×15
아프리케	펠 트	갈색, 살색, 소프트 핑크, 흰색, 등색, 크림색	갈색, 살색, 감색, 흰색, 오렌지색, 핑크	갈색, 살색, 빨강, 레몬 엘로우
	25번 자수실 각각 조금	자주, 검정 흰색, 검정	오렌지색 핑크 흰색, 검정	오렌지 감색, 검정
	비즈(소)	검정 각각 2개		
	색연필		빨 강	빨 강
길이 1.7cm의 웨드 비즈		베이지 각 1개		
직경 0.3cm의 흰색 면 코드		45cm	40cm	35cm

치수와 꿰매는 방법

※( )의 꿰맴분을 붙여 재단한다.

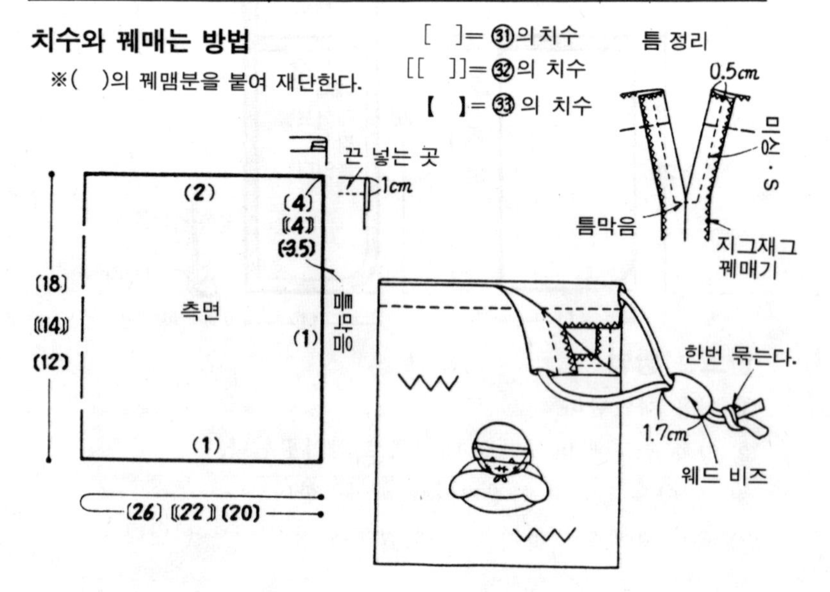

아프리케 도안 실물 크기

※ 재단하여 자른다

아래가 되는 부분은 겹쳐지는 분을 붙여 재단한다.

실은 지정 이외는 한올로 세워 감친다.

오픈 버튼 홀 · S는 펠트와 동색

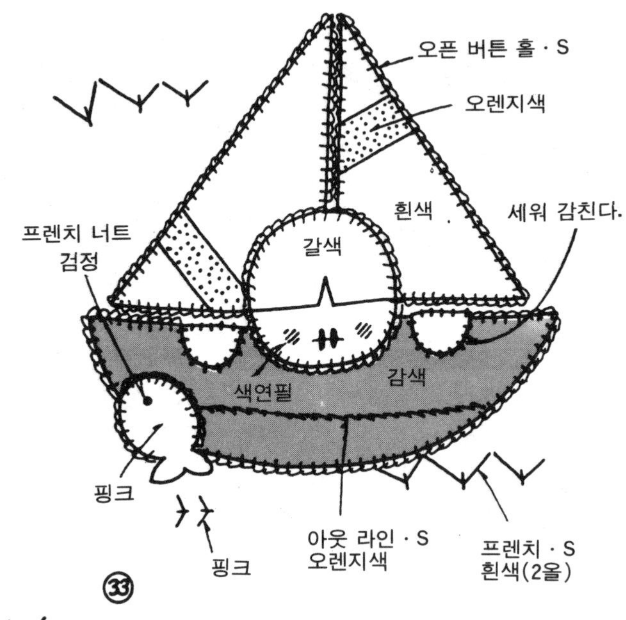

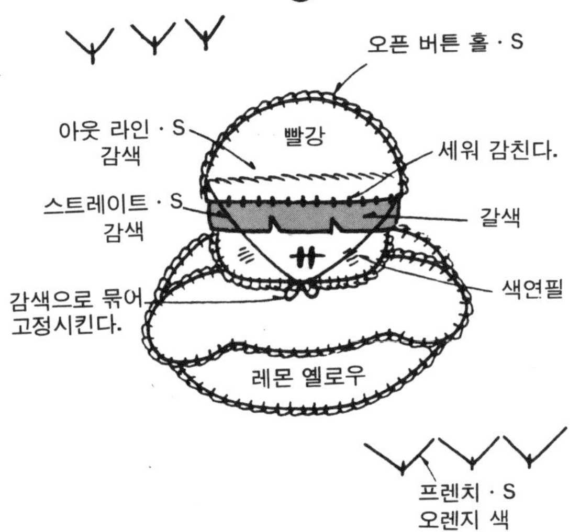

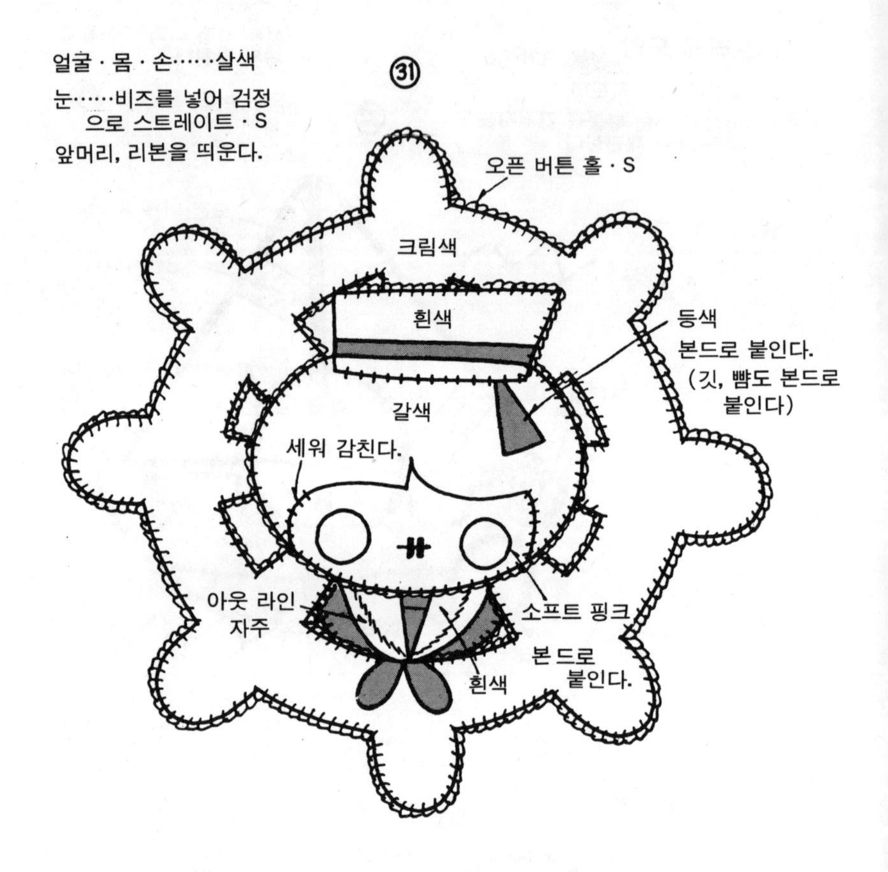

만드는 방법

① 천을 재단하여 가장자리를 지그재그 꿰매기로 정리한다.

② 천을 안으로 들어가게 개켜 접고, 바닥에서 옆막이까지를 맞추어 꿰맨다.

③ 틈을 미싱 · S로 누르고, 입구는 접어 뒤집어 끈 넣을 곳을 꿰맨다.

④ 앞쪽에 아프리케한다.

⑤ 끈을 넣고 웨드 비즈를 끼워 끈을 한번 묶는다.

㊲ ～ ㊴ 백

재료(단위 cm)

줄 무늬의 두툼한 목면	90×90

치수와 꿰매는 방법

※( )안의 꿰맴분을 붙여 재단한다.

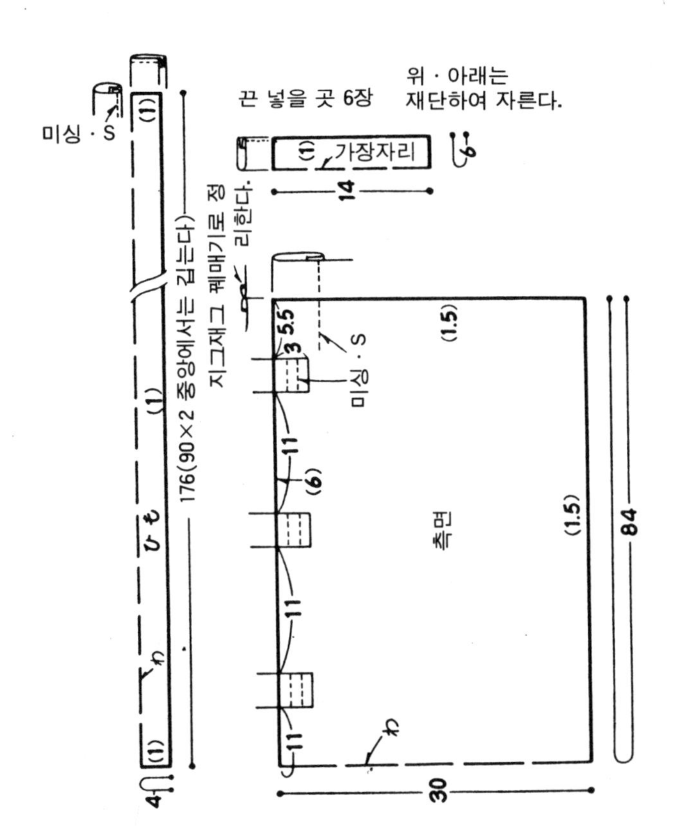

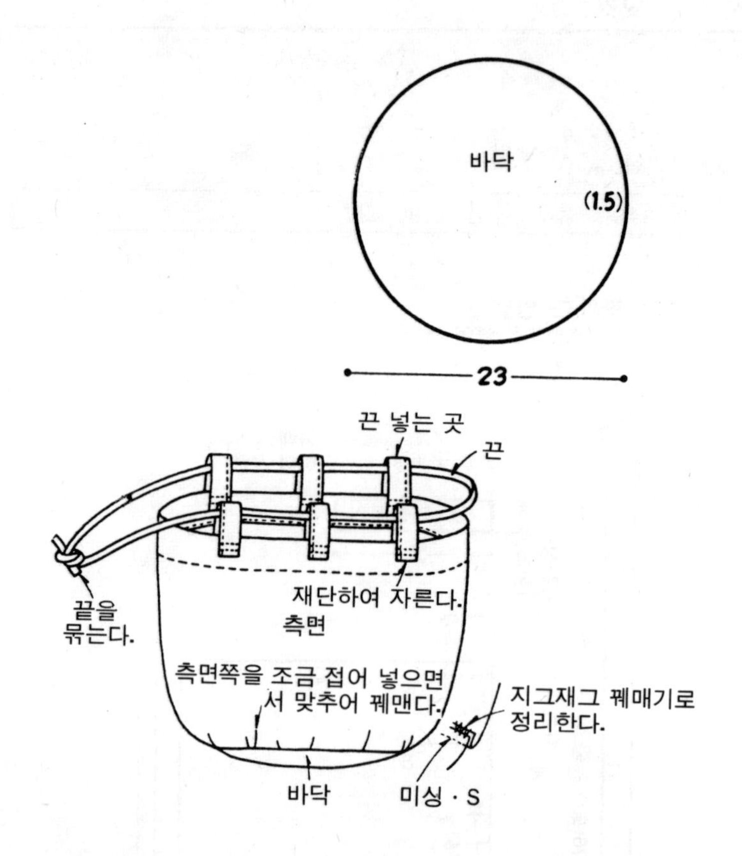

만드는 방법

① 천을 재단한다.

② 측면의 양끝을 지그재그 꿰매기로 정리하고, 안으로 들어가게 개켜 꿰맨다.

③②를 바닥과 맞추어 꿰매고, 끝정리를 한다.

④ 끈 넣을 곳을 만들어 꿰매 붙인다.

⑤ 끈을 만들어 끈 넣는 곳에 넣어 끝을 묶는다.

㉞～㊱ 해드 커버

재 료(단위 cm)		㉞	㉟	㊱
앞쪽, 뒷쪽	스폰지의 본딩 가공천 34×30	빨강과 흰색 줄무늬	빨강과 흰색 줄무늬	그린과 흰색 줄무늬
아래천, 아프리케 파이핑코드, 터브	에나멜 가공천 60×10	빨 강 60×10	그 린	빨 강
25cm의 흰색 퍼스너		각 1개		
파이핑용 중간 굵기 정도의 면사		각각 조금		

아프리케 도안 실물 크기
※재단하여 자른다.

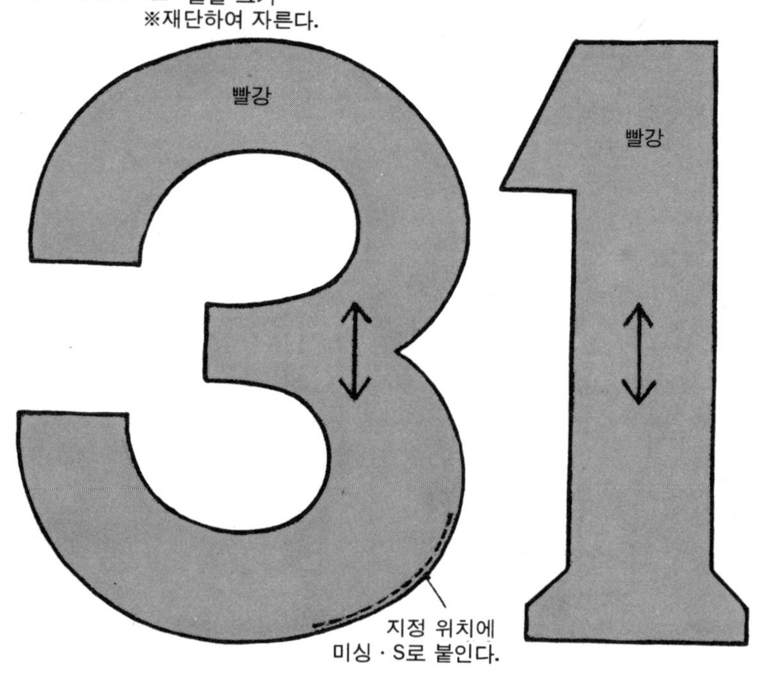

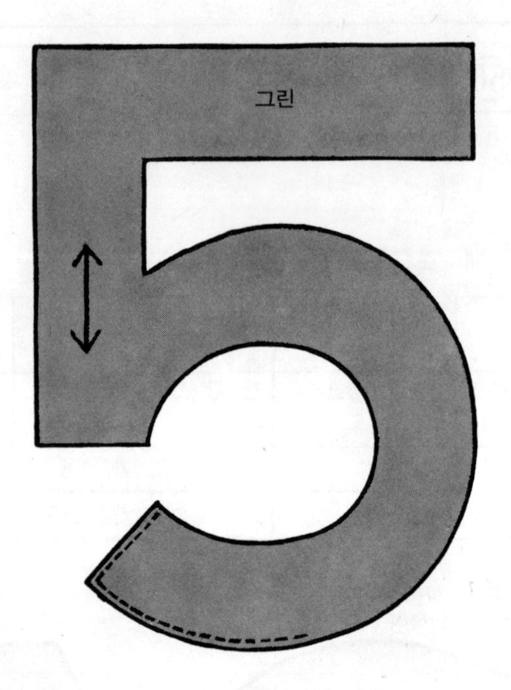

치수와 꿰매는 방법

※ 1㎝의 꿰맴분을 붙여 재단한다.

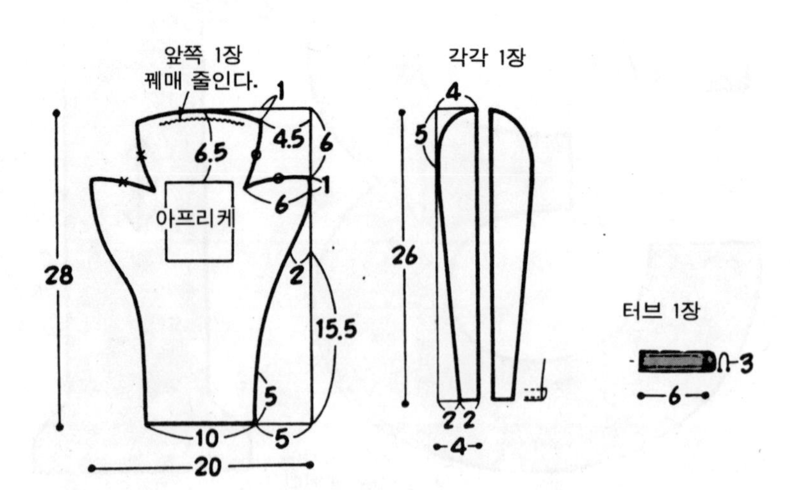

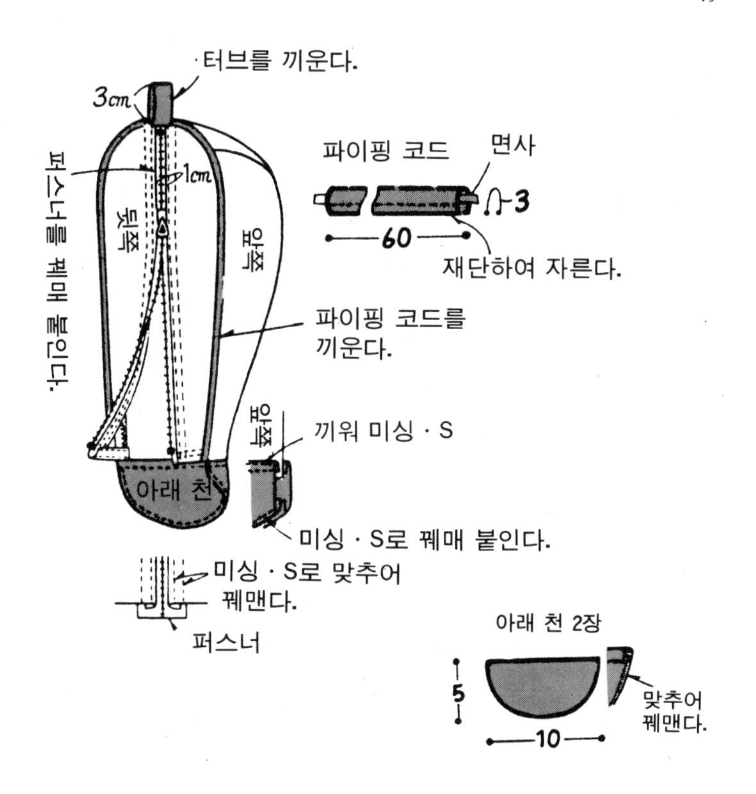

만드는 방법

① 천을 재단한다.

② 앞쪽에 아프리케를 하고 만나는 표시를 꿰맨다.

③ 뒷쪽 중앙에 퍼스너를 붙인다.

④ 뒷쪽 아래쪽은 접어 뒤집어 꿰매고, 터브와 파이핑 코드를 만들어 앞쪽 사이에 끼워 맞추어 꿰매고, 재단한 곳을 지그재그 꿰매기로 정리한다.

⑤ 아래천을 안으로 들어가게 개켜 바깥 가장자리를 맞추어 꿰매고, 겉으로 뒤집어 앞쪽 아래를 끼워 꿰매고, 가장자리에도 스티치한다.

㊸ ~ ㊺ 포치

재　료(단위 ㎝)

		㊸	㊹	㊺
토대천	캠버스 46×30	빨　강	겨자색	자　주
손잡이	캠버스 36×7	베이지	감　색	팥　색
25㎝의 퍼스너 각각 1개		빨　강	베이지	자　주

치수와 꿰매는 방법

※(　)안의 꿰맴분을 붙여 재단한다.
천 끝은 지그재그 꿰매기로 정리한다.

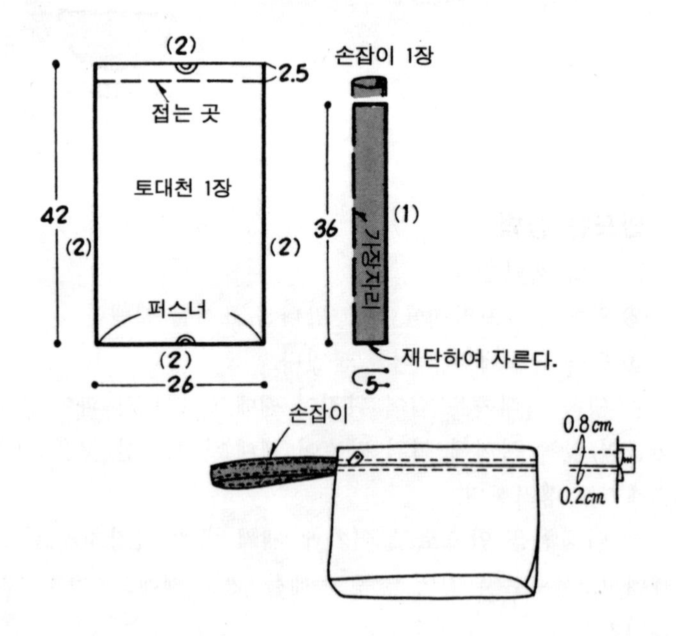

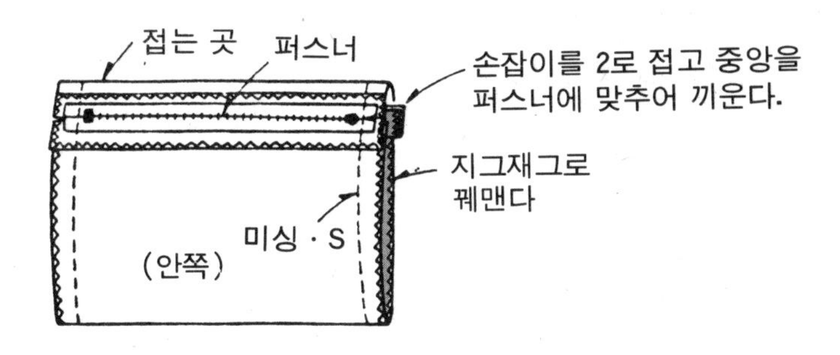

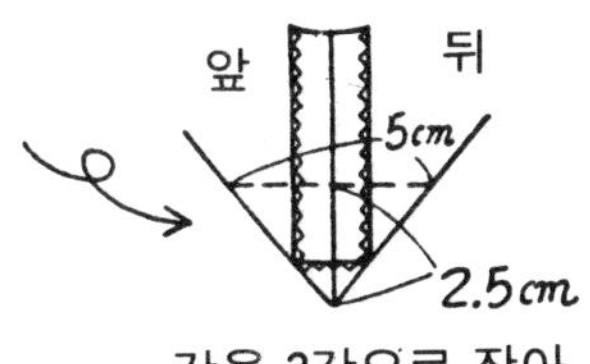

각을 3각으로 잡아
2.5cm 위를 미싱으로
누른다.

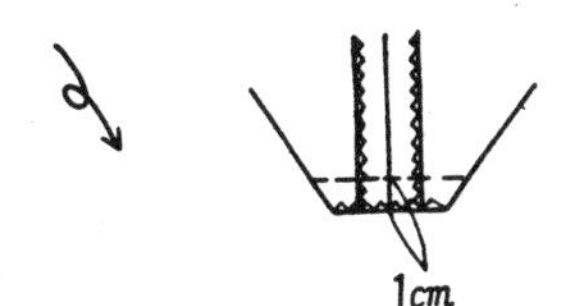

1cm 남기고 커트하고,
천 끝을 지그재그
꿰매기로 정리한다.

만드는 방법

① 천을 재단하여 천 끝을 지그재그 꿰매기로 정리한다.

② 퍼스너를 붙인다.

③ 손잡이를 꿰맨다.

④ 토대천을 안으로 들어가게 개키고 둘로 접은 손잡이를 한쪽에 끼워 양 옆을 꿰맨다.

⑤ 바닥의 각을 3각으로 접고, 바대를 만들어 겉으로 뒤집는다.

⑰ 슈즈 케이스

재 료(단위 cm)

빨강과 흰색의 줄무늬 스폰지 본딩 가공천	66×61
빨강 에나멜드 가공천	90×15
42cm의 흰색 퍼스너	1개
내경 0.4cm의 흰색 나일론 테이프	8개
폭 2.7cm의 흰색 나일론 테이프	42cm
폭 0.6cm의 흰색 면 코드	90cm
파이핑 코드용 중간 굵기 정도의 면사	조금

본딩천의 재단법

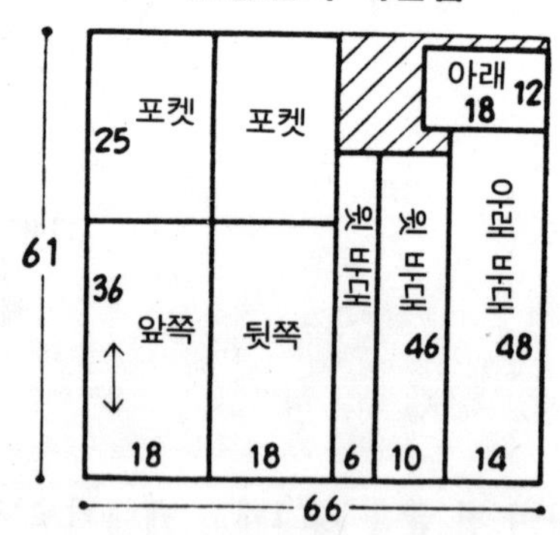

에나멜천의 재단법

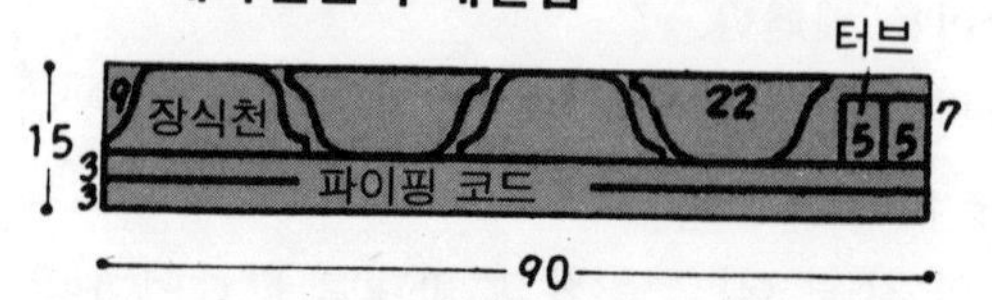

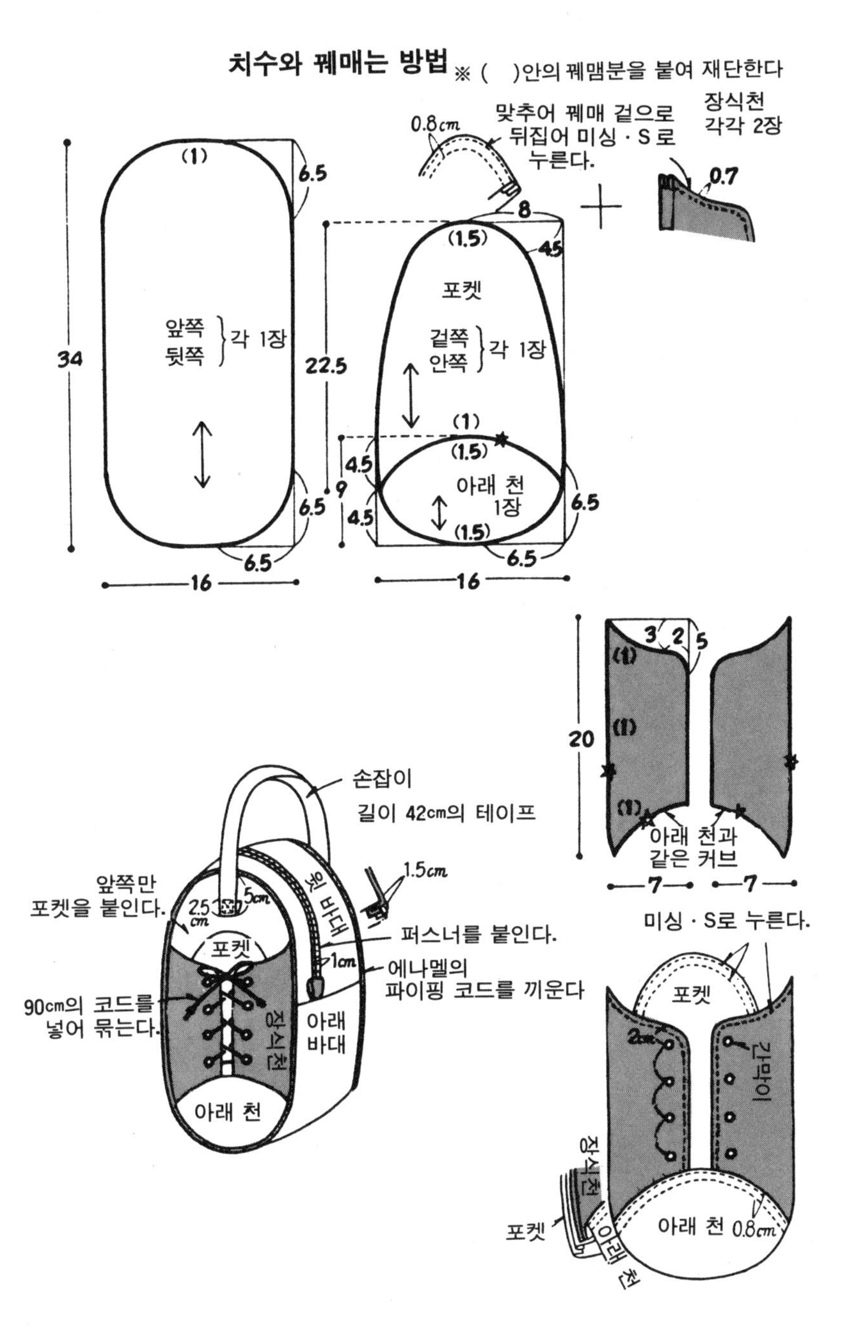

치수와 꿰매는 방법
※ ( )안의 꿰맴분을 붙여 재단한다
0.8cm
맞추어 꿰매 겉으로
뒤집어 미싱 · S로
누른다.
장식천
각각 2장
0.7
(1)
6.5
34
앞쪽
뒷쪽
각 1장
6.5
6.5
16
8
(1.5)
4.5
포켓
겉쪽
안쪽
각 1장
22.5
(1)
(1.5)
4.5
9
4.5
아래 천
1장
(1.5)
6.5
6.5
16
3
2
5
(1)
(1)
20
(1)
아래 천과
같은 커브
7
7
손잡이
길이 42cm의 테이프
1.5cm
앞쪽만
포켓을 붙인다.
2.5cm
5cm
윗 바대
퍼스너를 붙인다.
포켓
1cm
에나멜의
파이핑 코드를 끼운다
90cm의 코드를
넣어 묶는다.
장식천
아래
바대
아래 천
미싱 · S로 누른다.
포켓
2cm
간막이
장식천
포켓
아래 천
아래 천
0.8cm

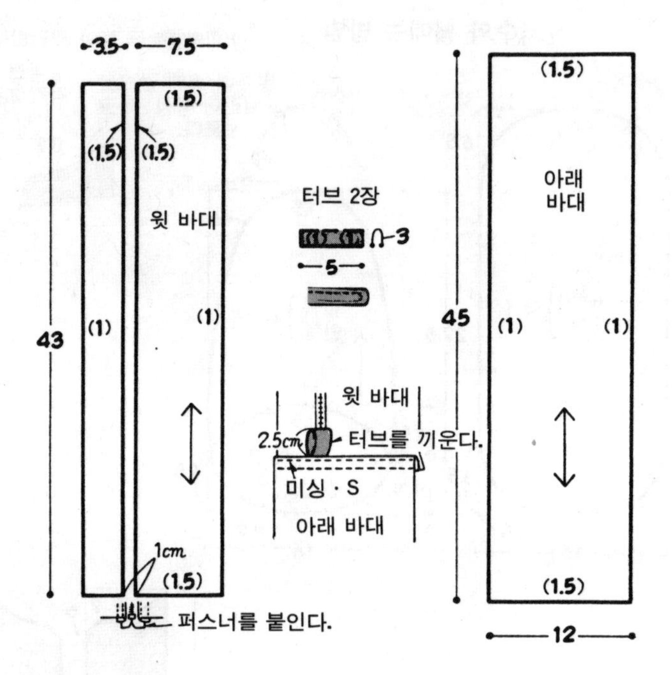

만드는 방법

① 천을 재단한다.

② 포켓, 장식천은 각각 2장을 안으로 들어가게 개켜 맞추고, ☆표시를 남기고 가장자리를 꿰매 겉으로 뒤집고 미싱 · S로 누른다.

③ 포켓, 장식천과 아래천은 안으로 들어가게 개켜 겹쳐 꿰매고, 겉으로 뒤집어 스티치한다.

④ 윗 바대에 퍼스너를 붙이고, 터브를 만들어 아래 바대와의 사이에 끼워 안으로 들어가게 개켜 맞추어 꿰매고, 겉으로 뒤집어 스티치를 한다.

⑤ 파이핑 코드를 만들어 앞쪽, 뒷쪽과 바대 사이에 끼워 안으로 들어가게 개켜 맞추어 꿰맨다.

⑥ 손잡이를 붙이고 간막이에 코드를 넣어 묶는다.

㊾㊿ 지갑

재　료(단위 cm)

		㊾	㊿
겉, 안쪽, 포켓	캠버스69×25	감　　색	베 이 지
폭 2cm의 바이어스 테이프		각각 140cm	
18cm의 퍼스너		각각 2개	

치수와 꿰매는 방법

※(　)안의 꿰맴분을 붙여 재단한다.

◎은 재단하여 자른다.

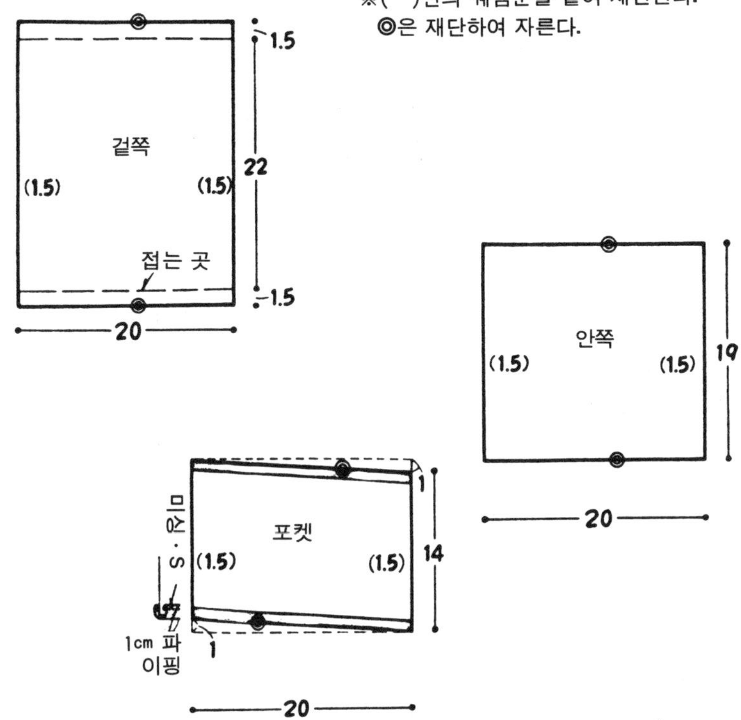

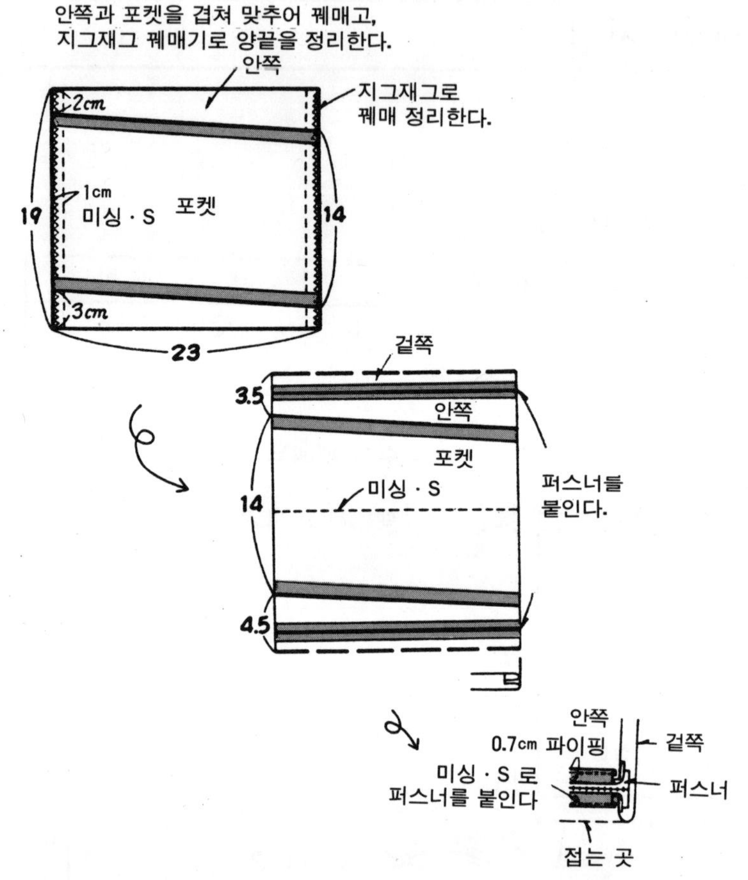

만드는 방법

① 천을 재단하여 각각 양끝을 지그재그 꿰매기로 정리한다.

② 포켓 입구를 파이핑하고, 안쪽과 포켓을 겹쳐 1㎝의 꿰맴분으로 미싱 · S한다.

③ 겉쪽, 안쪽을 맞추어 바이어스 테이프를 그림과 같이 접어 퍼스너를 겹치고, 미싱 · S로 맞추어 꿰맨다.

④ 안쪽으로 뒤집어 퍼스너를 열어 양 끝을 맞추어 꿰매고, 겉으로 뒤집어 중앙을 미싱 · S로 누른다.

⑬⑭ 인형

재　료(단위 ㎝)

		⑬	⑭
저어지 90×50		겨 자 색	물 색
아프리케	펠 트	쇼킹 핑크, 흰색, 검정 각각 조금	
	코튼사 검정	각각 조금	
두꺼운 종이 13㎝의 각		각 1장	
솜		190g	

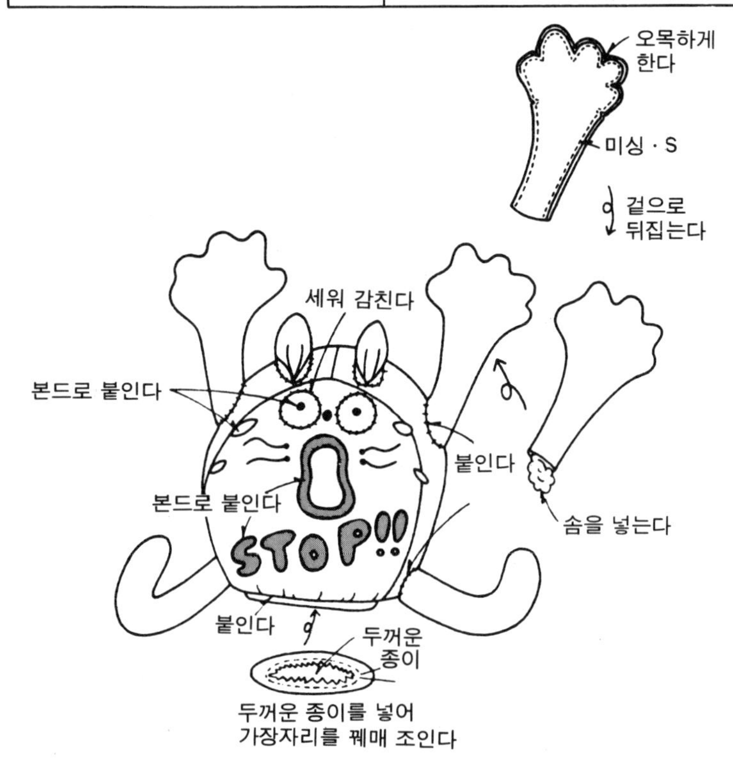

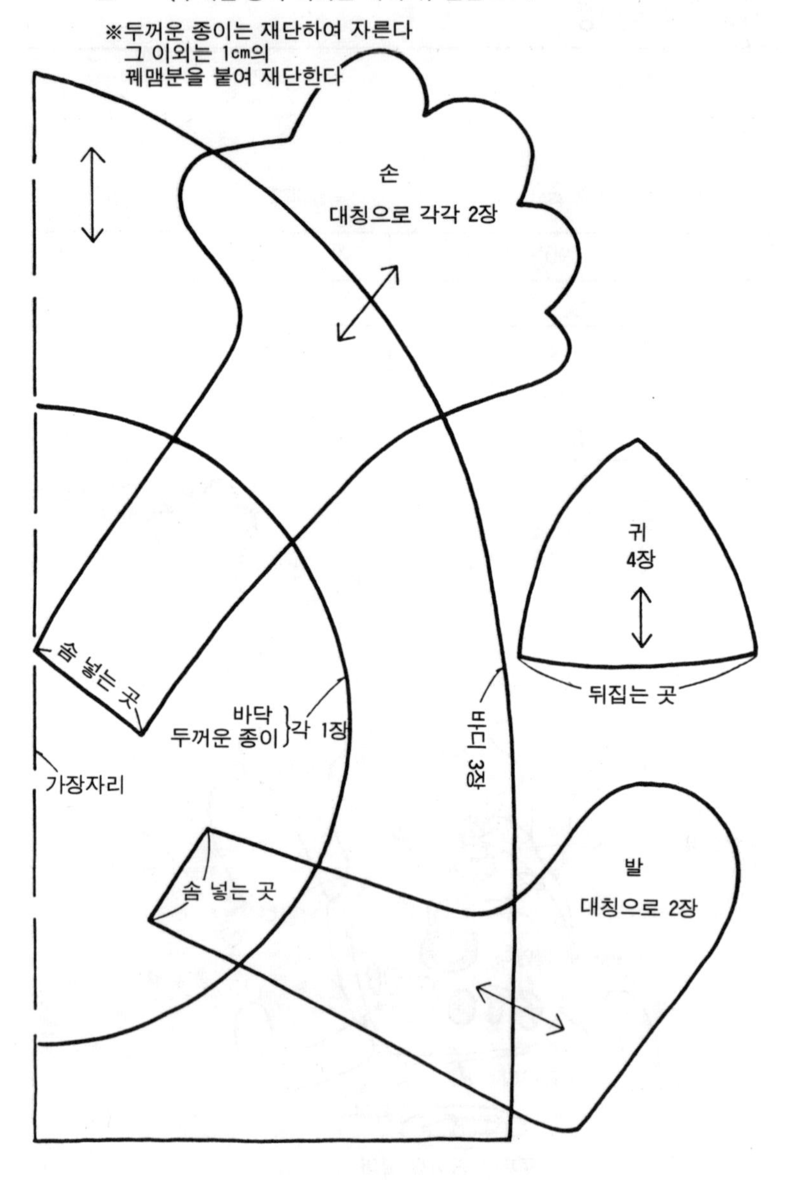
본 (두꺼운 종이 이외는 저어지) 실물 크기
※두꺼운 종이는 재단하여 자른다
그 이외는 1㎝의
꿰맴분을 붙여 재단한다
손
대칭으로 각각 2장
귀
4장
뒤집는 곳
솜 넣는 곳
바닥
두꺼운 종이
각 1장
바디 3장
가장자리
솜 넣는 곳
발
대칭으로 2장

아프리케 도안 실물 크기
※ 재단하여 자른다
검정
흰색
한번 묶는다
검정 코튼사를 넣어
한번 묶는다
쇼킹 핑크
쇼킹 핑크

만드는 방법

① 천을 재단한다.

② 바디는 솜 집어 넣을 곳만 남기고 2장을 안으로 들어가게 개켜 맞추어 중앙까지 꿰매고, 나머지 1장을 꿰매고 남긴 면과 안으로 들어가게 개켜 맞추어 꿰매고, 겉으로 뒤집어 솜을 넣고 바닥을 홈질하여 두꺼운 종이를 얹어 꿰매 조여 바디에 붙인다.

③ 손, 발, 귀는 각각 솜 집어넣을 곳, 뒤집을 곳을 남기고 2장을 안으로 들어가게 개켜 맞추어 꿰매고, 겉으로 뒤집어 솜을 넣는다(귀는 솜을 넣지 않는다).

④ 손, 발, 귀를 바디에 붙인다.

⑤ 얼굴 표정을 만든다.

⑷⑻ 드라이어 케이스

재 료(단위 cm) ⑷ ⑻

		⑷	⑻
퀼팅지	앞, 뒷쪽 52×35.5	빨강 스트라이프(굵은 것)	겨자색
	포 켓 26×20	빨강 스트라이프(가는 것)	마전하지 않은 무명
끈용 목면 80×8		감색	짙은 갈색
아프리케용 목면 조금		감색, 흰색	짙은 갈색

치수와 꿰매는 방법

※ ( )안의 꿰맴분을 붙여 재단한다.

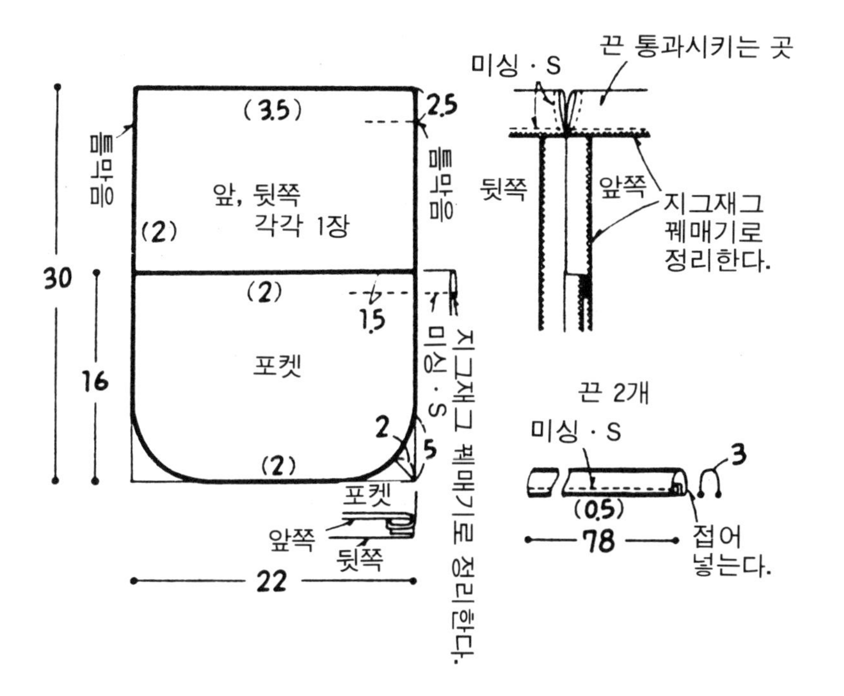

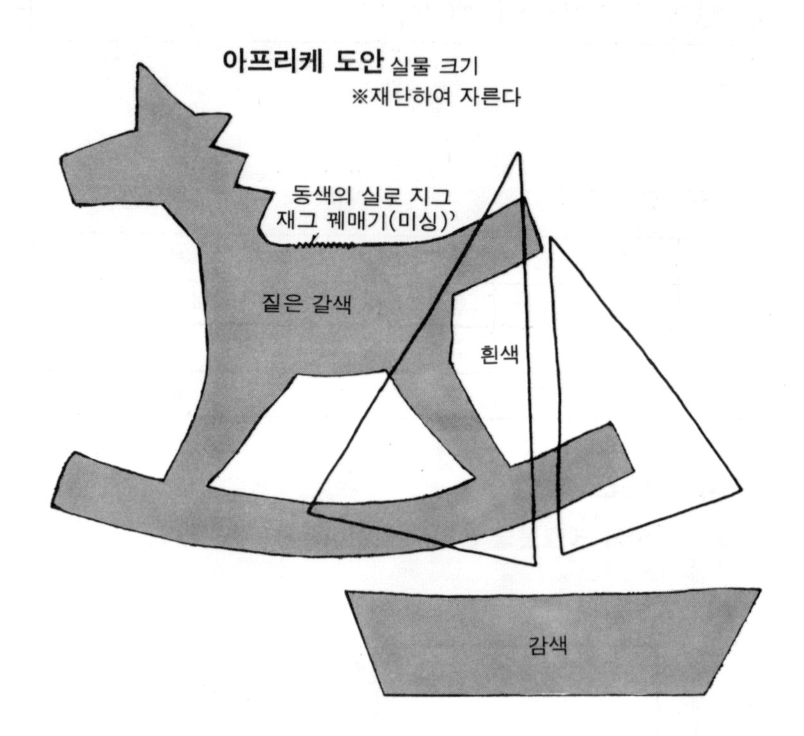

만드는 방법

① 천을 재단한다.

② 천 끝을 지그재그 꿰매기로 정리한다.

③ 포켓 입구를 접어 뒤집고, 미싱·S하여 아프리케한다.

④ 앞, 뒷쪽을 안으로 들어가게 개켜 맞추고, 포켓을 끼워 넣고, 틈막음을 남기고 양끝 바닥을 맞추어 꿰맨다.

⑤ 틈막음에 미싱·S를 하고 입구를 접어 뒤집어 끈을 넣어 꿰맨다.

⑥ 끈을 2개 꿰어 양 옆에서 각각 통과시킨다.

⑩ ~ ⑫ 마스코트

재료 (단위 Cm)

		⑩	⑪	⑫
펠트	얼굴, 바디, 손, 발20cm각	흰색	살색	짙은 갈색
	별 조금	오렌지색	노란색	황색
	눈 조금	검정		
머리카락용 아주 가는 실		핑크	금갈색	짙은 갈색, 베이지
25번 자수실	입	빨강		
	코	베이지	로즈핑크	베이지

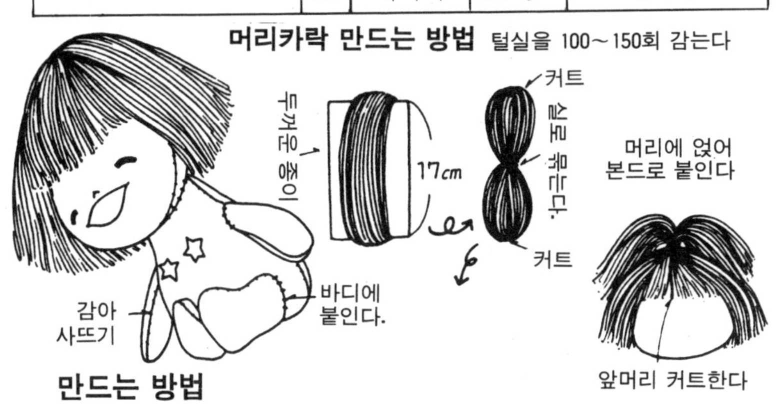

만드는 방법

① 펠트를 재단한다.

② 펠트 2장을 맞추어 솜 넣을 곳만 남기고 감아 사떠 막아 솜을 넣어 입구를 닫는다.

③ 바디에 얼굴, 손, 발을 붙인다.

④ 머리카락을 만들어 머리에 얹어 본드로 붙이고, 원하는 길이로 커트한다.

⑤ 코, 입을 자수로 놓고 눈과 별을 본드로 붙인다.

본 실물 크기

※ 재단하여 자른다

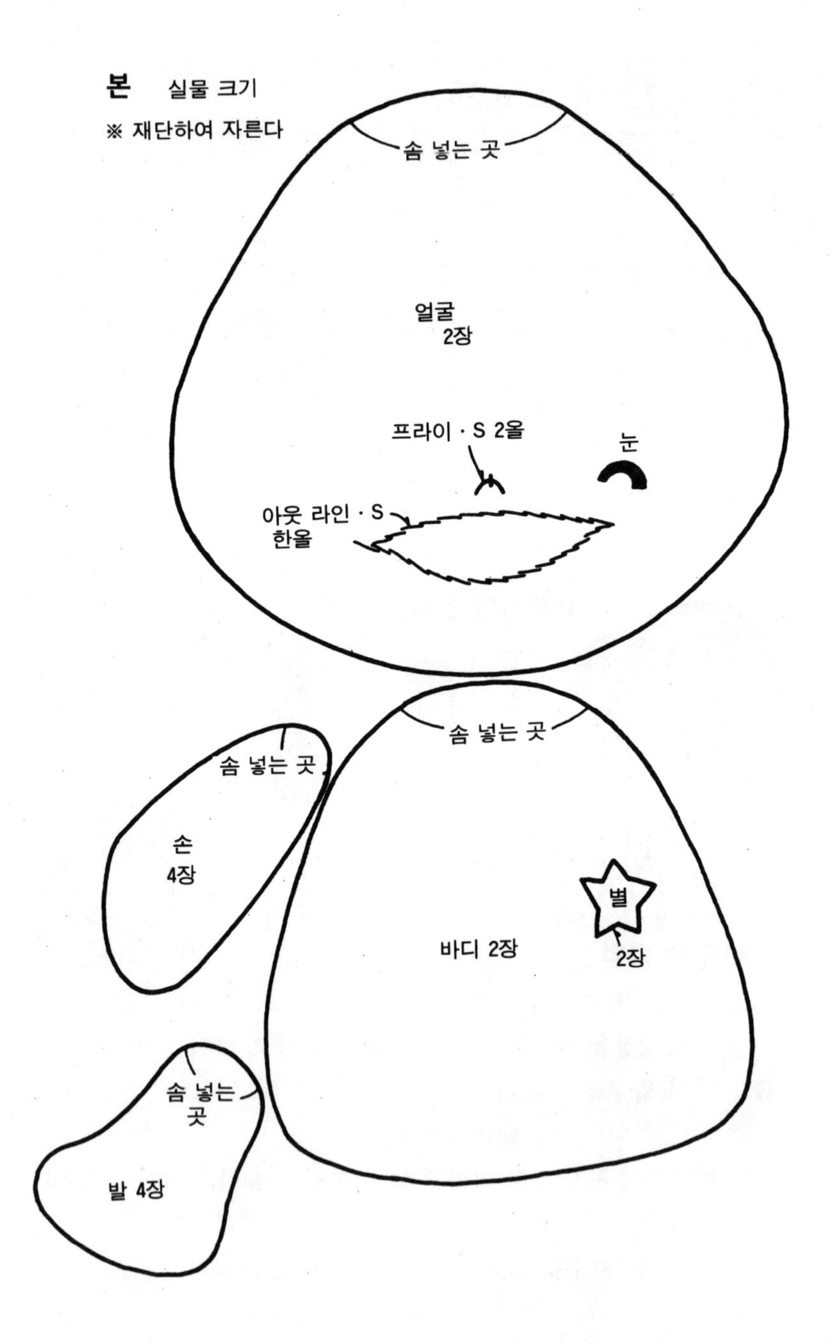

⑱⑲ 핸드 백

재료 (단위 Cm)		⑱	⑲
겉감, 막음천	퀼팅지	66×36	45×23
안감	나일론 크로스	각61×36	40×23
	목면		
아프리케	크림색 샤아크스킨	각 11.5×6.5	
	염료	가로진즈 검정	
	버튼 직경 0.7cm	각 4 개	
버튼	직경 2 cm	각 1 개	
덧대는 천	감색의 목면	각 13× 5	
퍼스너 각각 2 개		34cm	21cm

만드는 방법

① 천을 재단한다.

② 아프리케천에 염료로 도안을 그린다.

③ 막음천을 안으로 들어가게 개켜 맞추어 꿰매고, 겉으로 뒤집어 가장자리를 미싱·S로 누른다.

④ 겉감에 안감과 아프리케천을 꿰매 붙이고 버튼 4개를 단다.

⑤ 안감에 퍼스너를 꿰매 붙인다.

⑥ 겉감과 안감을 안으로 들어가게 개켜 맞추고, 막음천을 끼워 꿰매고, 퍼스너 부분에서부터 밖으로 뒤집는다.

⑦ 가장자리를 미싱·S로 누르고 바닥과 간막이도 미싱·S로 꿰맨다.

⑧ 막음천에 버튼 홀·S를 하고 버튼을 단다.

치수와 꿰매는 방법

※ 0.5cm의 꿰맴분을 붙여 재단한다.

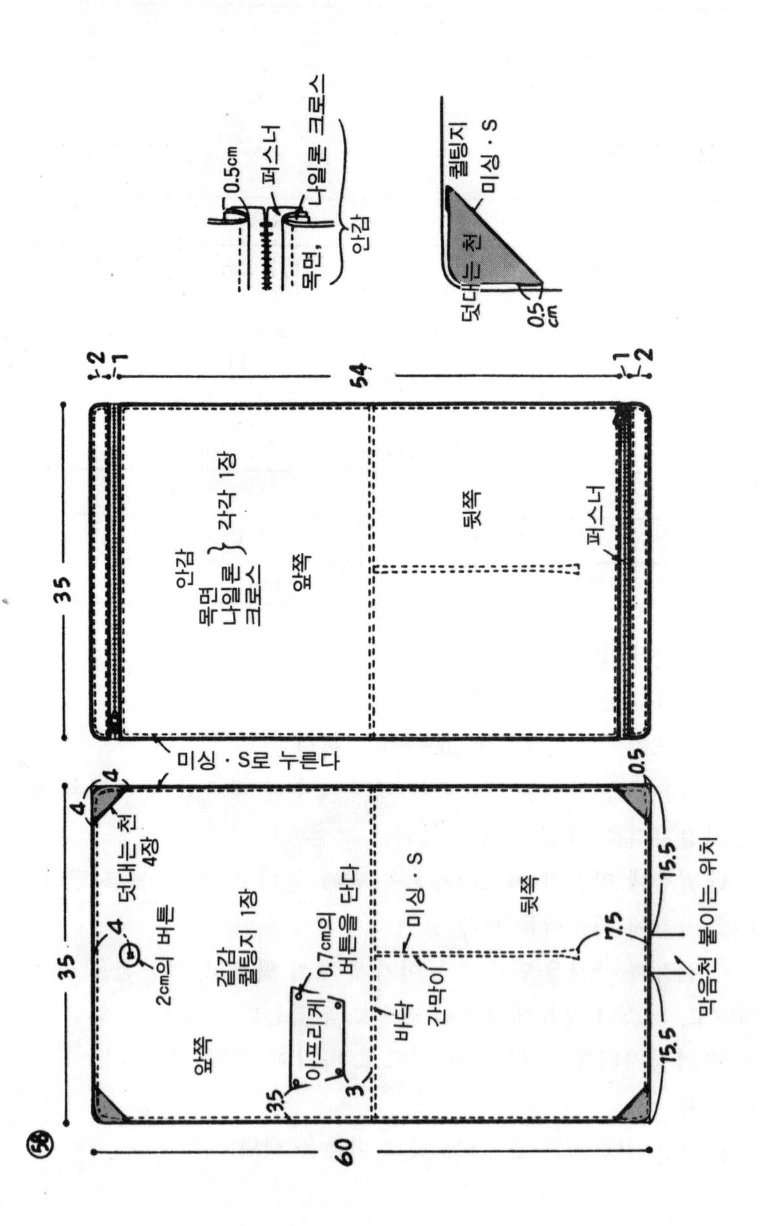

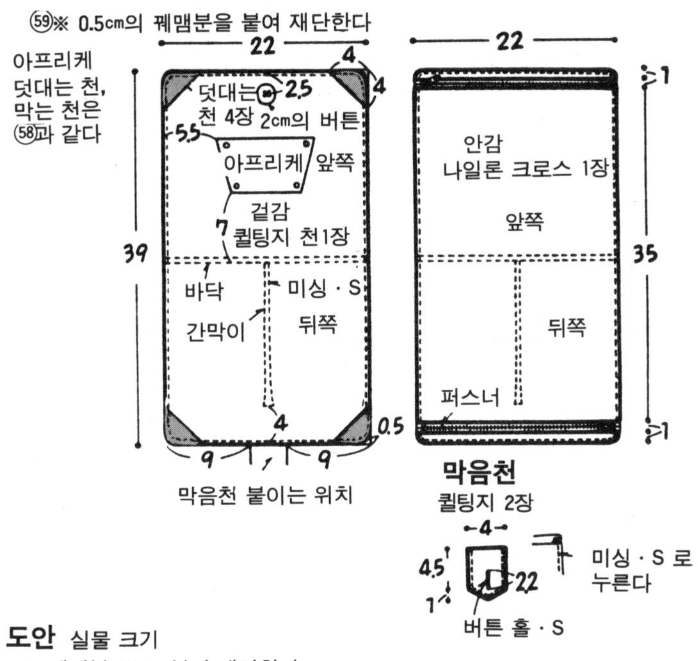

도안 실물 크기

※꿰맴분 0.5cm 붙여 재단한다

⑱ ⑲

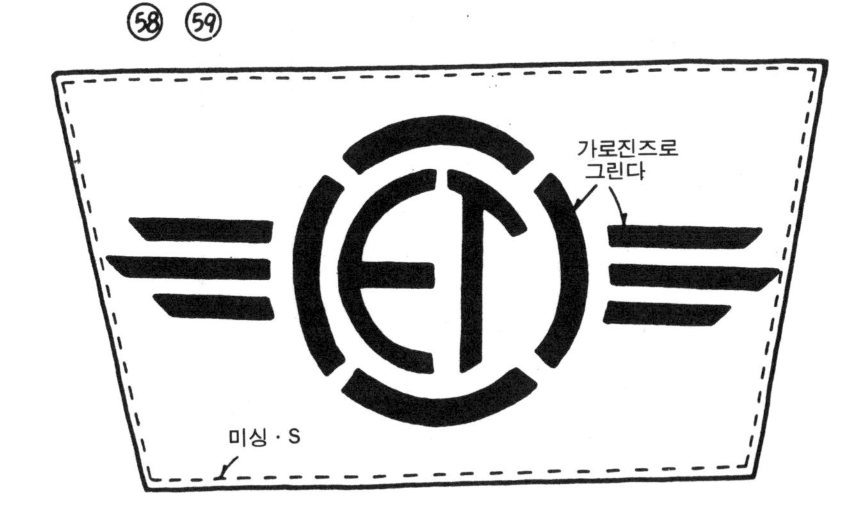

⑱ 카세트 테이프 케이스

재　료(단위 cm)

퀼팅지 빨강에 작은 꽃무늬 프린트		87×36
폭 1.2cm의 빨강 바이어스 테이프		400cm
45cm의 빨간 퍼스너		1개
아프리케	시팅 각각 조금	황색, 블루, 핑크, 그린
	25번 자수실 각각 조금	코발트 블루, 챠콜그레이

치수와 꿰매는 방법

※전부 재단하여 자른다

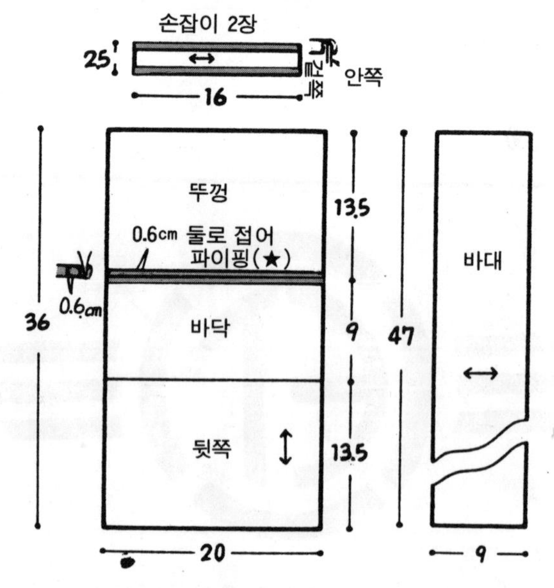

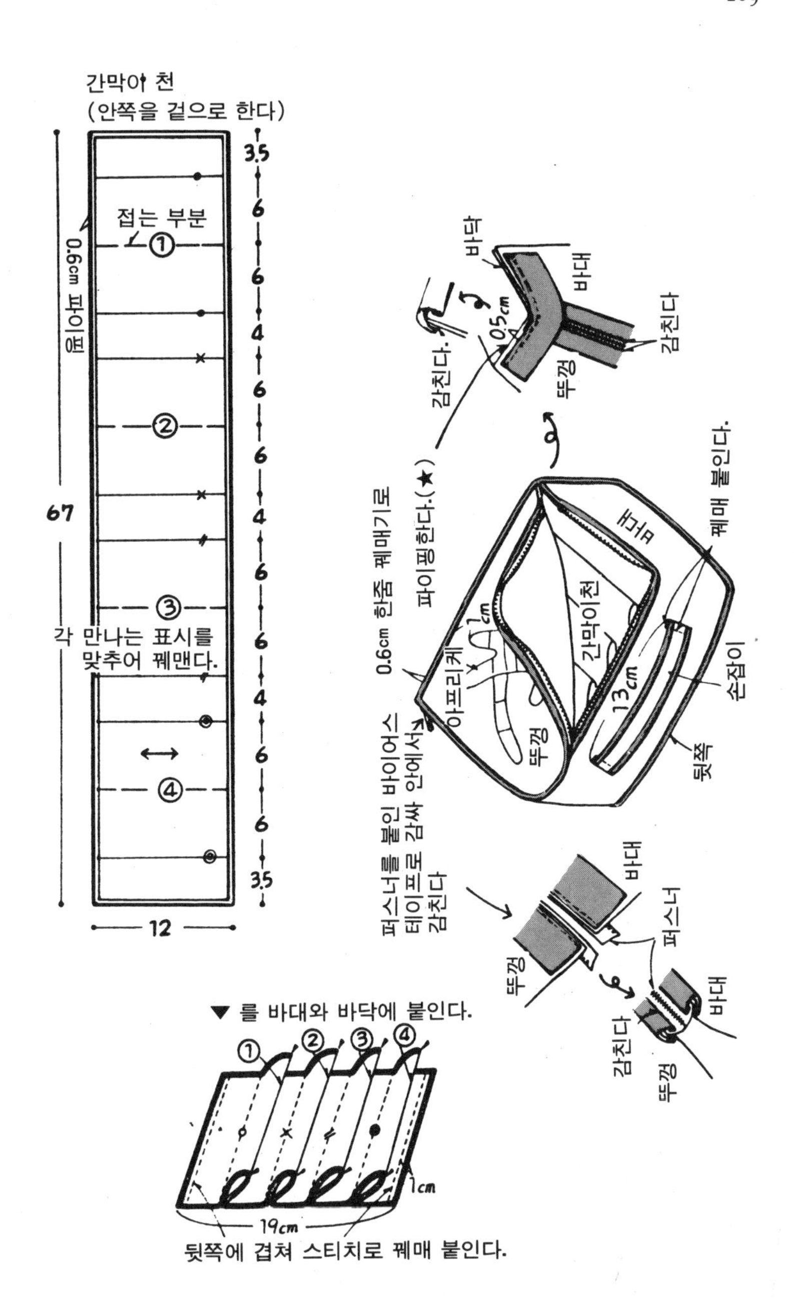
간막이 천
(안쪽을 겉으로 한다)
접는 부분
①
②
③
④
0.6cm 파이핑
67
3.5
6
6
4
6
6
4
6
6
4
6
6
3.5
12
각 만나는 표시를 맞추어 꿰맨다.
0.6cm 한줌 꿰매기로 파이핑한다.(★)
퍼스너를 붙인 바이어스 테이프로 감싸 안에서 감친다
바닥
바대
감친다
0.5cm
감친다.
두껑
꿰매 붙인다.
바닥
간막이천
아프리케
1cm
13cm
손잡이
두껑
뒷쪽
바대
퍼스너
바대
감친다
두껑
두껑
▼를 바대와 바닥에 붙인다.
1cm
19cm
뒷쪽에 겹쳐 스티치로 꿰매 붙인다.

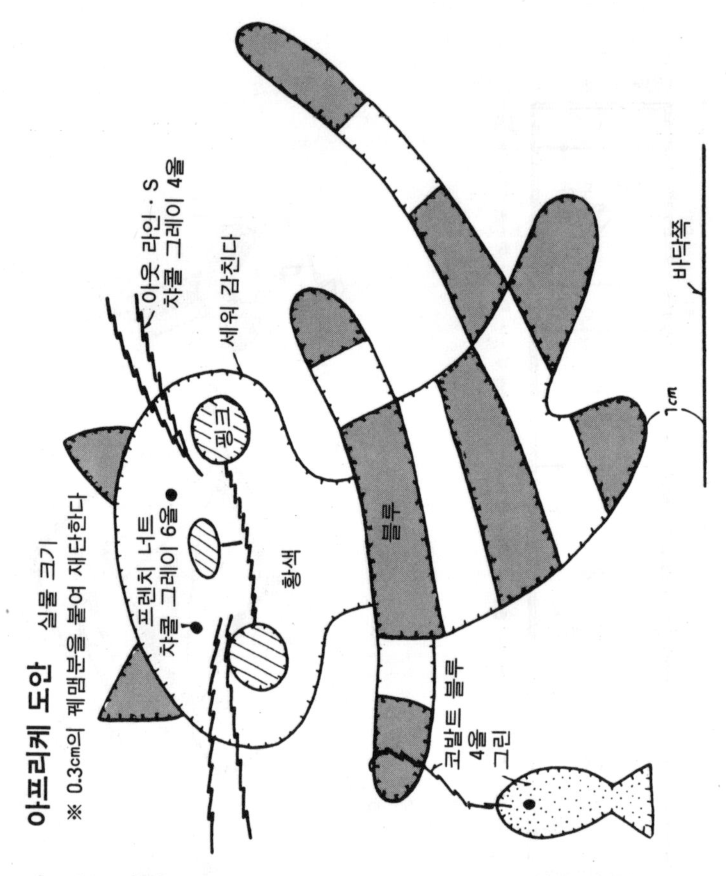

만드는 방법

① 천을 재단한다.

② 간막이 천에 파이핑하고 만나는 표시를 맞추어 꿰맨다.

③ 뚜껑 가장자리와 바대를 퍼스너와 함께 파이핑한다.

④ 바대와 뒷쪽, 바닥, 뚜껑과 바닥(★)을 뺑 둘러 파이핑한다.

⑤ 손잡이를 파이핑하고 바대의 윗쪽에 붙인다.

⑥ 간막이천을 넣어 양끝을 스티치하고, 접는 부분(▼)을 바대와 바닥에 붙인다.

⑦ 뚜껑에 아프리케한다.

⑺5 쿠션

재　료(단위 cm)

앞, 뒷쪽	물방울 무늬의 목면	86×42
아프리케	시　　팅	크림색　25×20 겨자색, 그린, 물색, 감색, 마전하지 않은 무명 각각 조금
아프리케	25번 자수실	그레이 조금
36cm의 퍼스너		1 개
42cm 각의 판야가 든 중간 크기 자루		

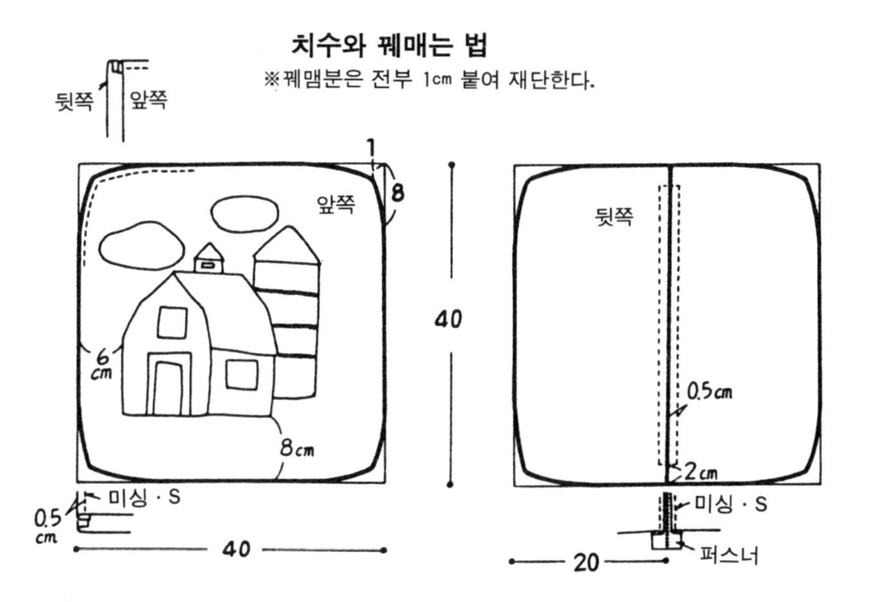

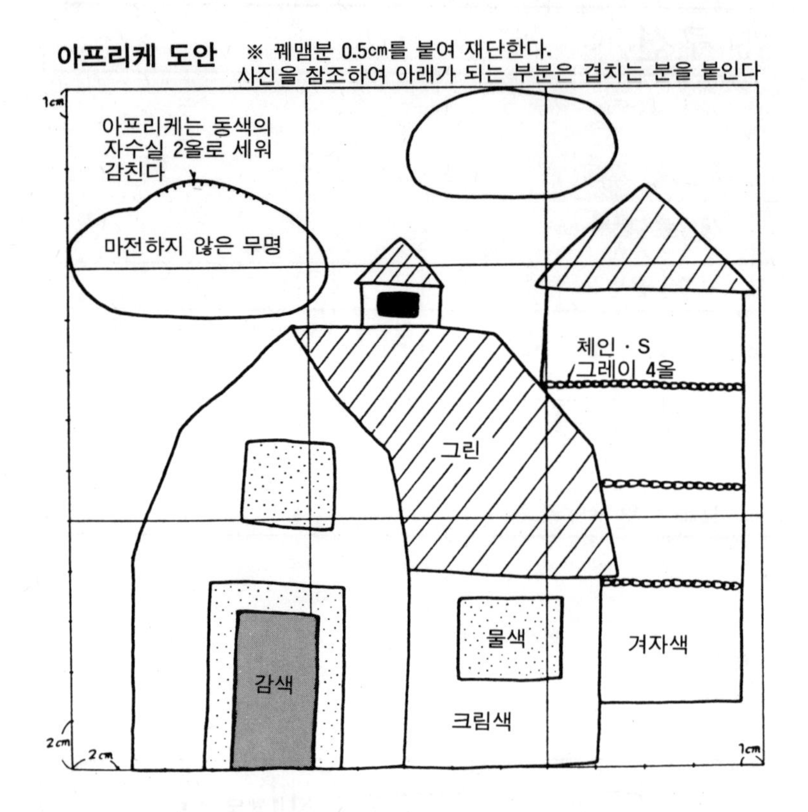

만드는 방법

① 천을 재단한다.

② 앞쪽에 아프리케와 자수를 놓는다.

③ 뒷쪽 2장을 안으로 들어가게 개켜 맞추고, 양끝 2㎝를 맞추어 꿰매고 퍼스너를 단다.

④ 앞, 뒷쪽을 안으로 들어가게 개켜 맞추어 꿰매고, 겉으로 뒤집어 가장자리에 미싱・S한다.

⑤ 판야가 들어있는 주머니를 넣는다.

⑥①～⑥③ 데이백

재 료(단위 cm) ⑥① ⑥② ⑥③

		⑥①	⑥②	⑥③
겉 감	두툼한 목면 61×38	검 정	빨 강	베이지
안 감	시팅 61.5×37.5	마전하지 않은 무명		
직경 0.5cm의 코드 150cm		검 정	빨 강	베이지
염 료	가로진즈	빨강, 황녹, 갈색, 자주, 검정, 흰색		
내경 1cm의 간막이 각 1개, 웨드비즈 각 1개, 은사 조금				

치수와 꿰매는 방법

※( )안의 꿰맴분을 붙여 재단한다.

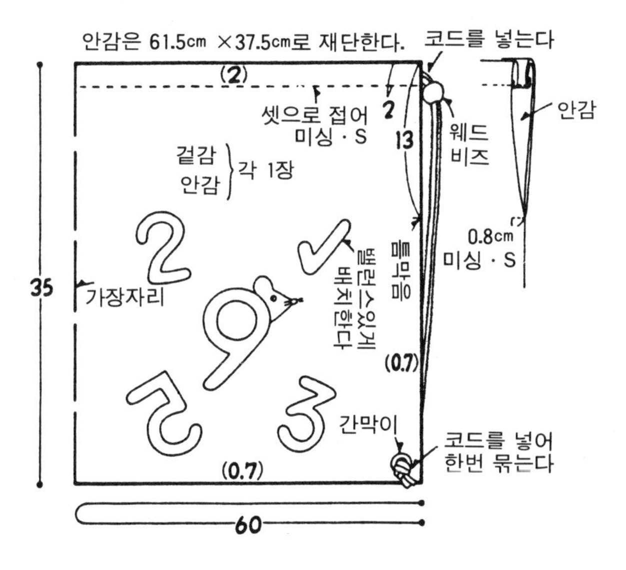

만드는 방법

① 겉감, 안감을 재단한다.

② 겉감의 한쪽 면에 도안을 밸런스있게 배치하여 자수를 놓는다.

③ 겉감, 안감을 각각 틈막음까지 꿰매 주머니로 만들고, 2장을 안으로 들어가게 개켜 겹쳐 틈 입구를 꿰매고, 입구는 셋으로 접는다.

④ 바닥쪽에 간막이를 붙인다.

⑤ 입구에 코드를 넣고 또 웨드 비즈와 간막이에 넣어 한번 묶는다.

⑲⑳ 푸치 백

재 료(단위 cm)

		⑲	⑳
퀼팅지 66.5×35		흰 색	핑 크
폭 1.2cm의 바이어스 테이프	핑 크	70cm	130cm
	블 루	130cm	
	그 린	70cm	70cm
	황 색		70cm
아프리케	목면 흰색	각 14×5	
	펠트 각각 조금	블 루	빨 강
	25번 자수실 각각 조금	블루그린	빨강그린
스냅(중간)		각 한쌍	

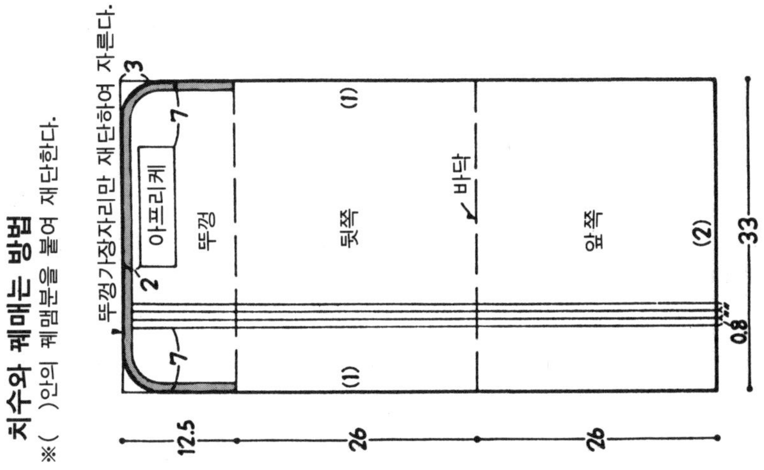

치수와 궤매는 방법

※( )안의 궤맴분을 붙여 재단한다.

아프리케 도안 실물 크기

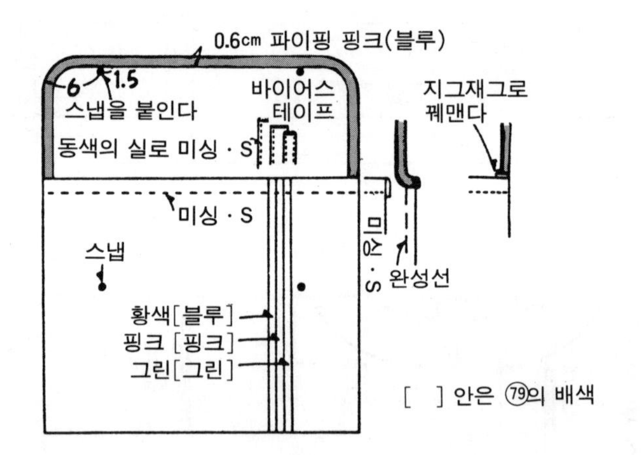

만드는 방법

① 천을 재단한다.

② 아프리케 천과 3개의 바이어스 테이프를 미싱으로 꿰매 붙인다.

③ 뚜껑에 파이핑하고 앞쪽 입구도 미싱으로 꿰맨다.

④ 안으로 들어가게 개켜 둘로 접고 양끝을 꿰맨다.

⑤ 아프리케와 자수를 놓고 스티치를 붙인다.

⑨② ~ ⑨④ 포시에트

재 료(단위 cm) ⑨② ⑨③ ⑨④

퀼팅천 54×22	황색프린트	빨강프린트	작은 꽃의 프린트
폭 2.5cm의 매직 테이프 각각 5cm			

치수와 꿰매는 방법

※ ( )안의 꿰맴분을 붙여 재단한다.

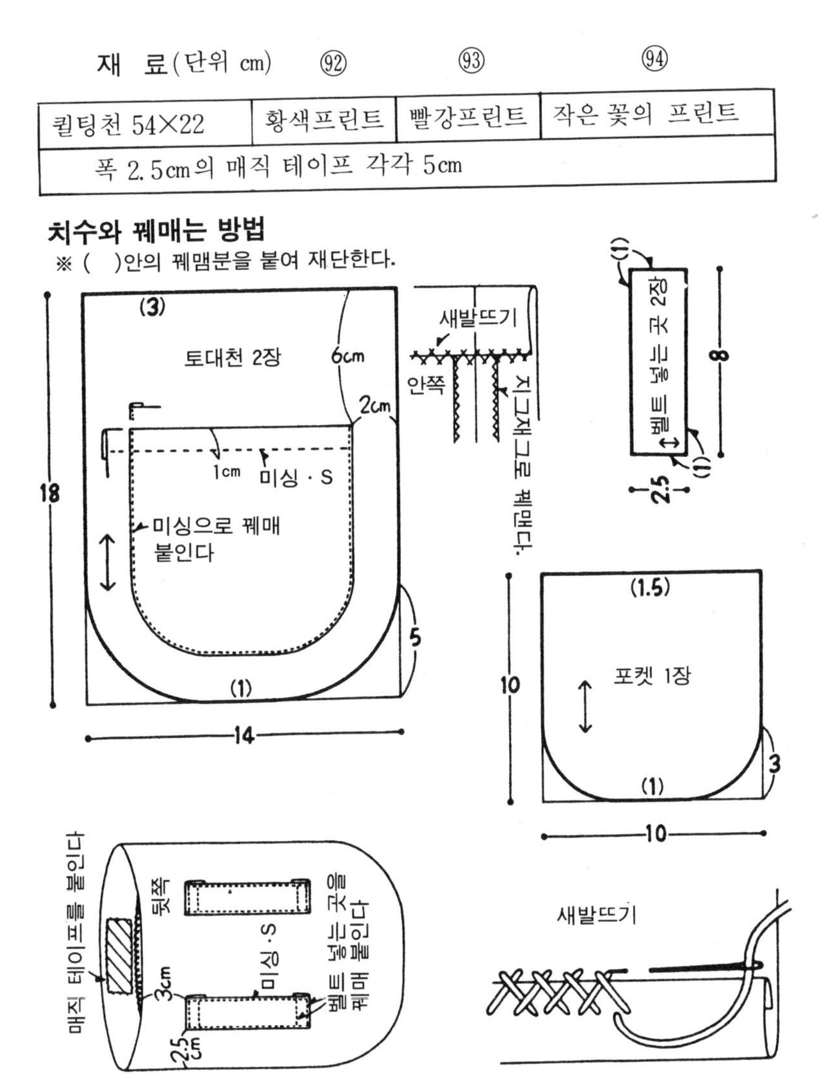

만드는 방법

① 천을 재단하여 천끝을 지그재그 꿰매기로 정리한다.
② 앞쪽에 포켓, 뒷쪽에 벨트 넣을 곳을 꿰매 붙인다.
③ 토대천을 안으로 들어가게 개켜 맞추어 꿰맨다.
④ 입구를 접어 젖혀 사치고, 매재 테이프를 붙인다.

⑧⑧ 포시에트

재　료(단위 cm)

겉　　감	검정의 두툼한 목면	35×30
안　　감	빨강의 얇은 목면	35×30
아프리케용 목면 조금		갈색, 빨강
미싱용 색실 각각 조금		황갈색, 자주, 은색, 빨강, 갈색
직경 1.2cm의 스냅 버튼		각각　1개
챠콜 그레이의 메트 라인		110cm
접착심		조금

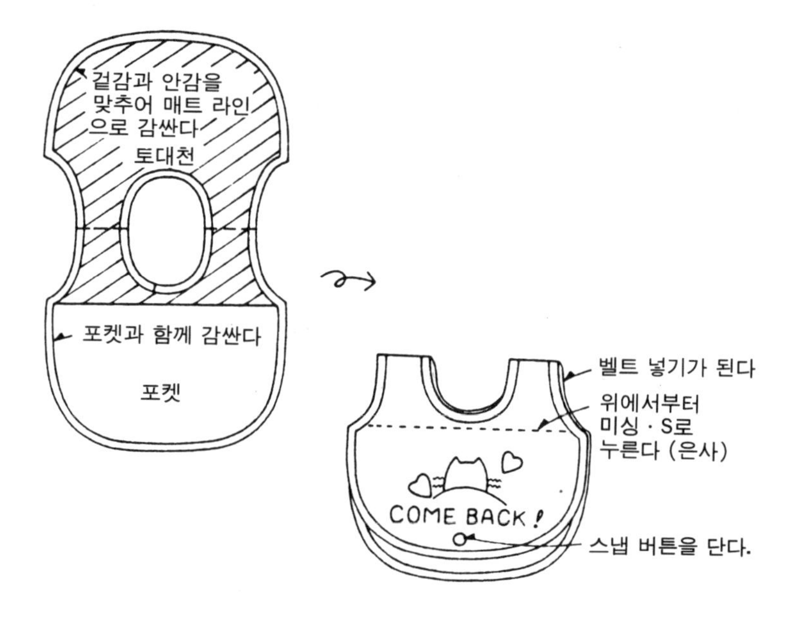

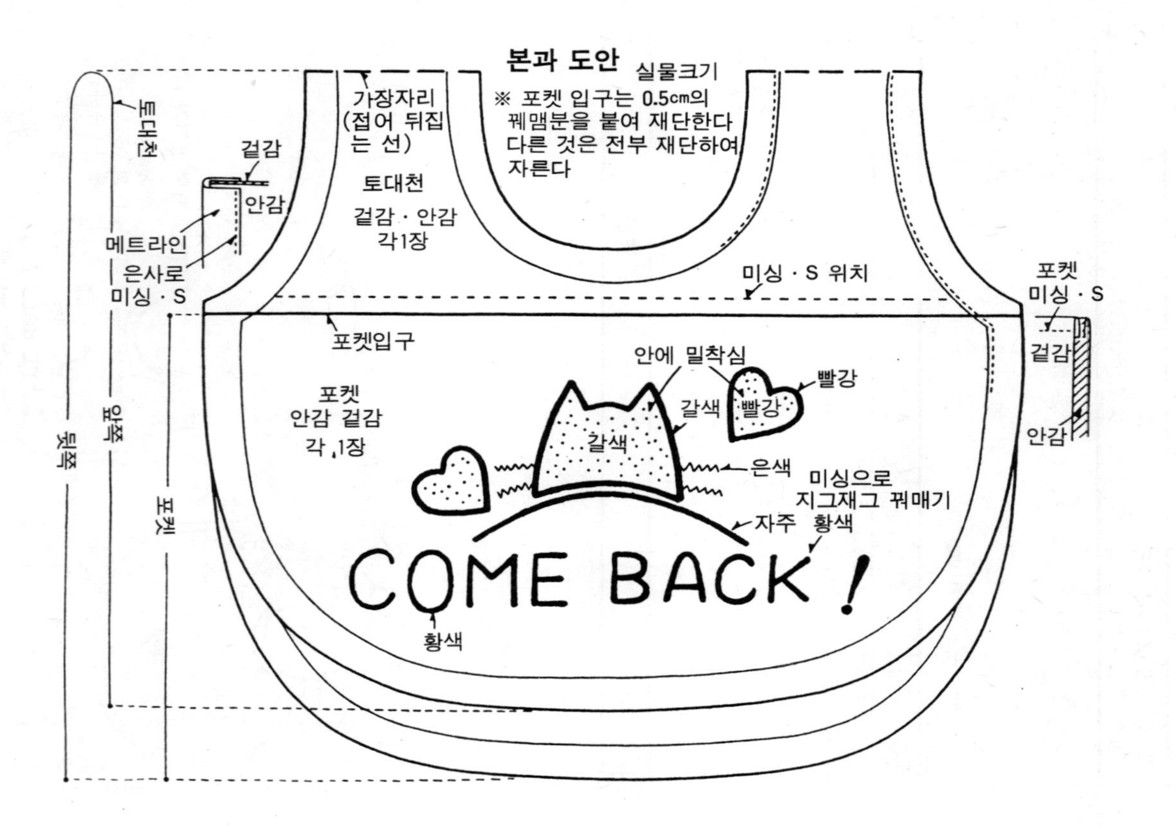
본과 도안 실물크기
※ 포켓 입구는 0.5㎝의 꿰맴분을 붙여 재단한다 다른 것은 전부 재단하여 자른다
가장자리 (접어 뒤집는 선)
토대천
걸감 · 안감 각1장
걸감
안감
메트라인
은사로 미싱 · S
토대천
미싱 · S 위치
포켓 미싱 · S
걸감
안감
포켓입구
포켓 안감 걸감 각 1장
안에 밀착심
빨강
갈색
빨강
갈색
은색
미싱으로 지그재그 꿰매기
자주 황색
COME BACK !
황색
앞쪽
뒷쪽
포켓

만드는 방법

① 천을 재단한다.

② 토대천의 겉감(앞쪽)에 미싱으로 아프리케와 자수를 놓는다.

③ 포켓을 안으로 들어가게 입구를 꿰매고, 겉으로 뒤집어 미싱·S로 누른다.

④ 토대천을 밖으로 들어가게 개켜 맞추고, 포켓도 겹쳐 가장자리를 메트 라인으로 둘러싼다.

⑤ ④를 둘로 접어 앞쪽과 뒷쪽을 미싱·S 로 꿰매 맞춘다.

⑥ 버튼을 단다.

⑽⑾ 원반 던지기 케이스

만드는 방법

① 천을 재단한다.

② 앞쪽 2장을 맞춰 꿰매고, 꿰맴분을 지그재그 꿰매기로 정리하고, 테이프를 얹은 다음 아래를 미싱 · S로 꿰매 붙인다.

③ 아프리케하고 손잡이도 꿰맨다.

④ 퍼스너를 붙이고, 뒷쪽을 안으로 들어가게 개켜 맞추고, 손잡이도 끼워 넣어 맞춰 꿰맨다.

치수와 꿰매는 방법

※ ( )안의 꿰맴분을 붙여 재단한다.

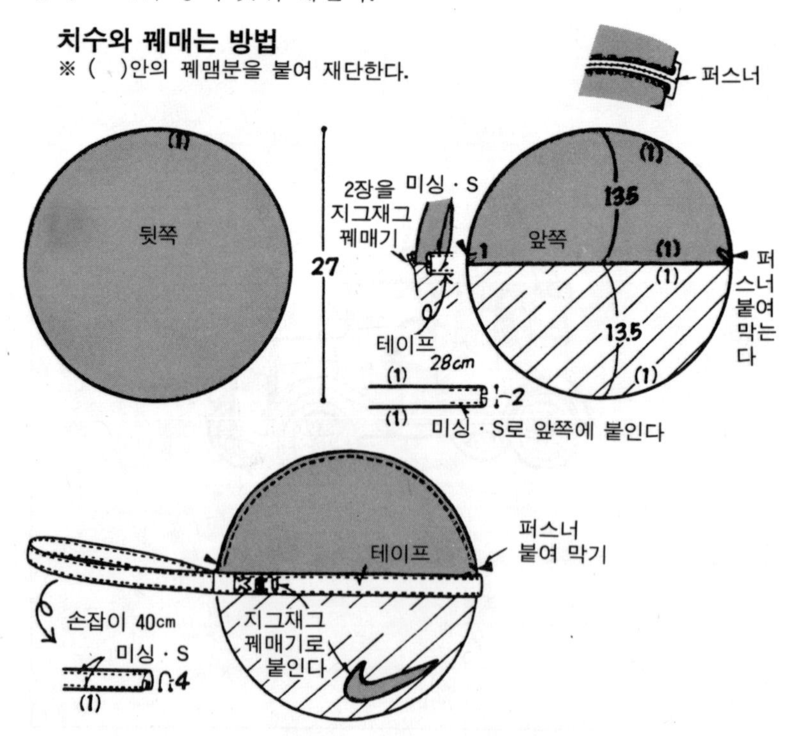

아프리케 도안

실물 크기

※ 재단하여 자른다

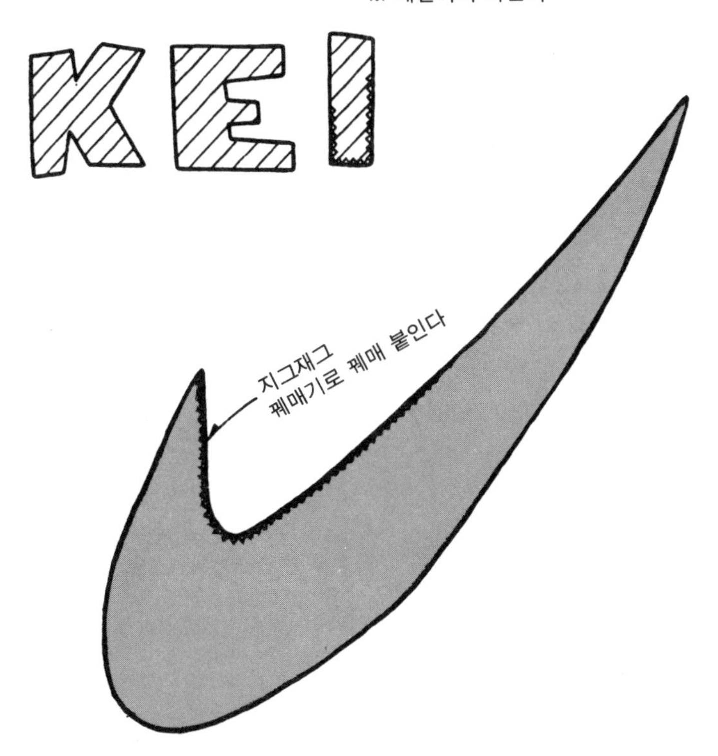

재 료(단위 cm)

				⑩⑨	⑪⓪
두툼한 목면	앞, 뒷쪽		50×29	빨 강	겨자색
	아프리케	지그재그 퀘맴실		겨자색	청녹색
	앞 쪽		29×20	겨자색	청녹색
	아프리케	지그재그 퀘맴실		빨 강	겨자색
	테이프 손잡이		40×10	청녹색	빨강
40cm의 퍼스너				각각 1개	

⑪⑫ 롤러 스케이트 백

재 료(단위 cm)

	⑪	⑫
퀼팅지 81×96	생 기 지	모스그린
29cm의 퍼스너 각각 2장	〃	〃
폭 3cm의 벨트 105cm	〃	〃
폭 2.5cm의 면 테이프 250cm	〃	〃
아프리케용 펠트 각각 조금	그린, 블루, 베이지	감색, 사몬 핑크 베이지, 그린

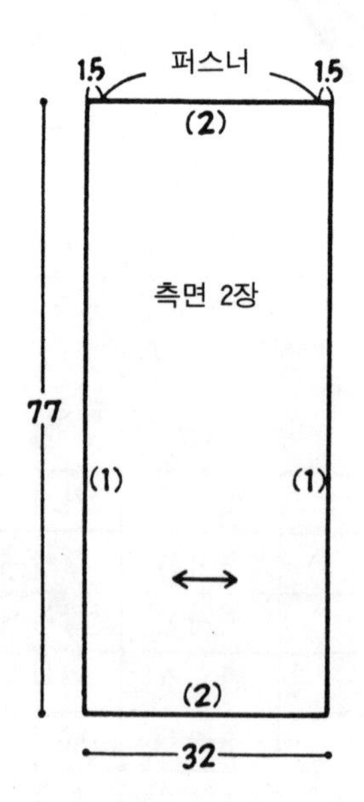

치수와 꿰매는 방법
※ ( )안의 꿰맴분을 붙여 재단한다

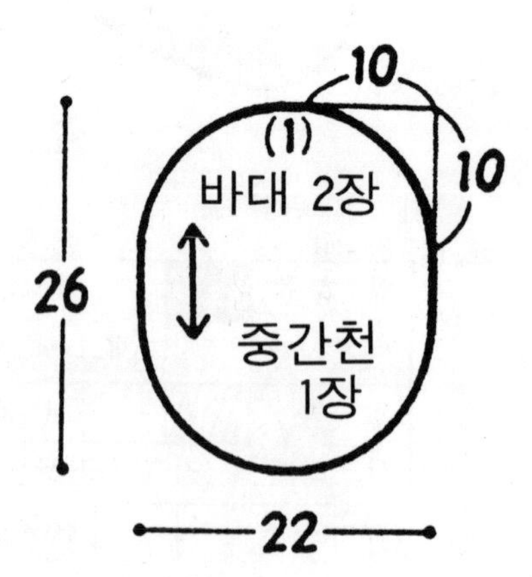

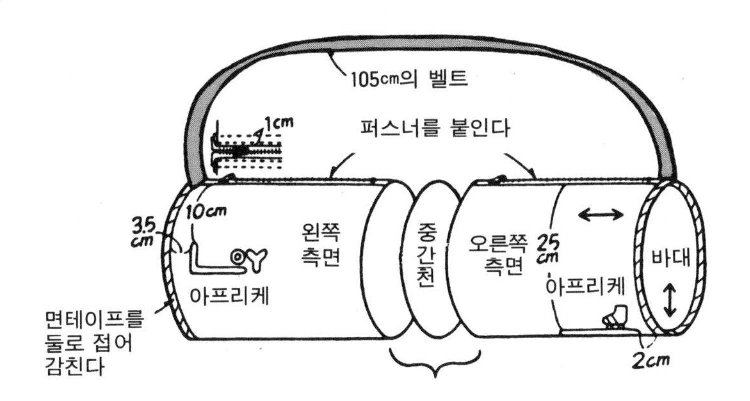

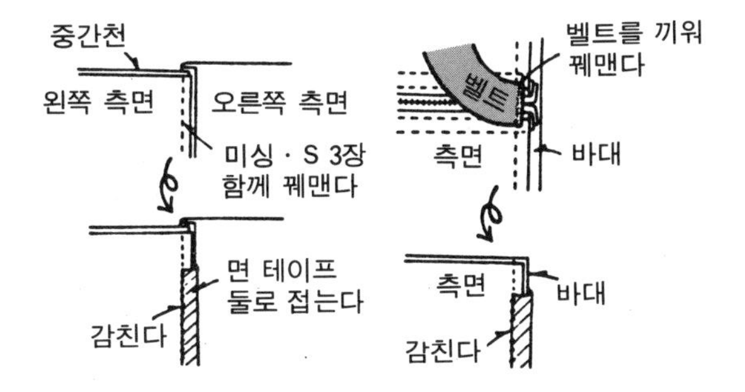

만드는 방법

① 천을 재단한다.

② 오른쪽, 왼쪽 측면에 각각 퍼스너를 붙인다.

③ 중간 천과 왼쪽, 오른쪽 측면을 밖으로 가게 개켜 맞추어 꿰매고, 바대와 측면, 벨트도 그림과 같이 맞추어 꿰맨다.

④ 꿰맴분을 면 테이프로 감싸 감친다.

⑤ 앞쪽에 아프리케한다.

아프리케 도안

실물크기

※ 펠트 재단하여 자른다
(　) 안은 ⑫의 작품

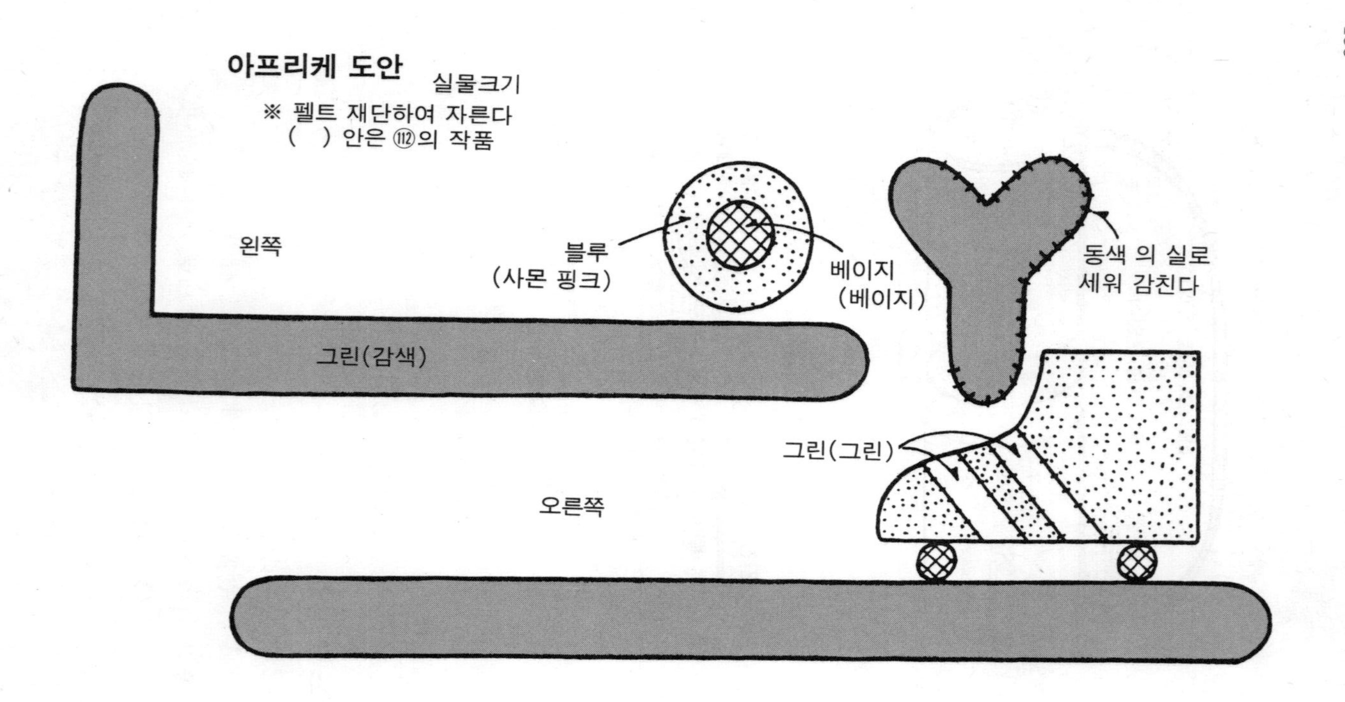

⑪③⑪④ 편리한 주머니

재료(단위 cm)

		⑪③	⑪④
체크의 퀼팅지		58×21	79×29
아프리케용 펠트 각각 조금	(검정)	골드로즈	
	(흰색)	회갈색	
직경 0.6cm의 면 코드		70cm	90cm

치수와 꿰매는 방법

※ ( )안의 꿰맴분을 붙여 재단한다

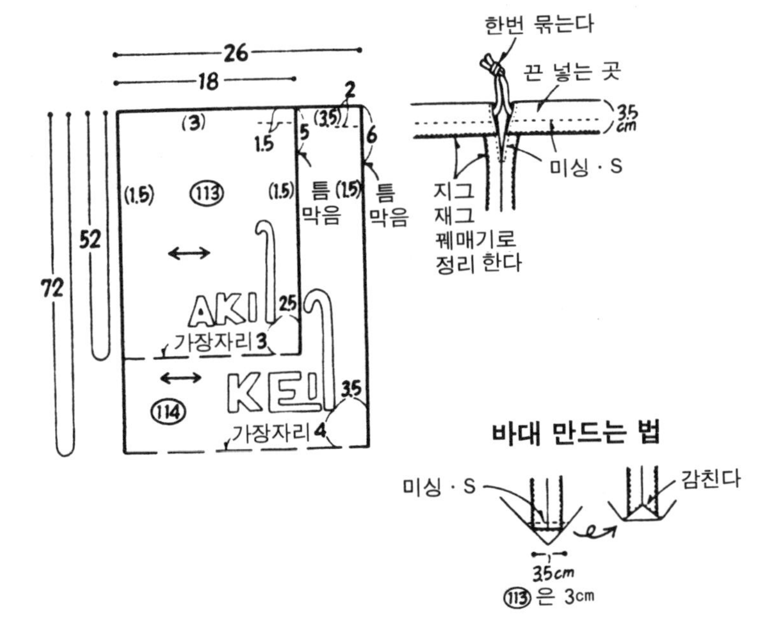

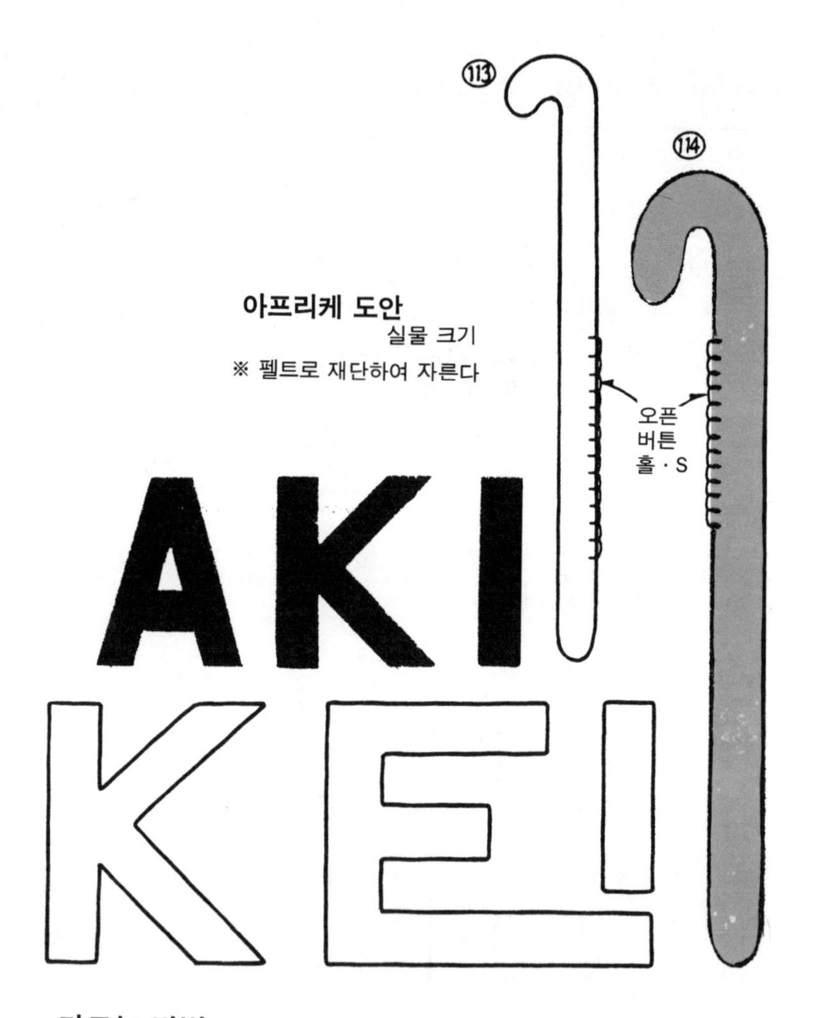

만드는 방법

① 천을 재단하여 지그재그 꿰매기로 정리한다.

② 아프리케한다.

③ 둘로 접어 틈막음을 남겨 양끝을 꿰매고, 바닥을 꿰매 바닥을 만들고, 틈 가장자리에 미싱 · S를 한다.

④ 끈 넣을 입구를 접어 뒤집어 미싱 · S한다.

⑧⑦⑧⑧ 스키 케이스

재 료(단위 cm) ⑧⑦ ⑧⑧

		⑧⑦	⑧⑧
나일론천	ⒶⒷⒸⒹⒺ 포켓, 안감 90×201	황갈색	빨 강
	보강천 20×15	빨 강	황갈색
와 펜	펠트 각 15×15	검정, 갈색, 블루, 빨강	검정, 갈색 황색, 황색 엷은 블루
	25번 자수실 각각 조금	겨자색, 검정 블루 그레이	블루, 검정 빨강
	접착심	각각 20×20	
어 깨 끈	폭 5cm의 빨강 나일론벨트	각각 80cm	
	폭 4cm의 티롤 테이프	각각 80cm	
	덧대는 천, 베이지의 엑세느	각각 12×5	
고정용 벨트	폭 2.5cm의 벨트	각각 86cm	
	폭 2.5cm의 빨강 매직 테이프	각각 14cm	
끈	폭 2cm의 면 테이프 각각 130cm	검 정	황 색
145cm의 검정 퍼스너		각각 1개	

만드는 방법

① 천을 재단한다.

② Ⓐ, Ⓑ의 안쪽에 안감을 붙인다.

③, Ⓑ의 지정 위치에 어깨끈을 붙여 덧대는 천으로 누르고, 고정용 벨트를 위·아래에 붙인다.

④ Ⓔ와 Ⓑ에 끈을 꿰매 붙인다.

⑤ ⓒ의 중앙을 잘라 퍼스너를 붙이고, 보강천을 붙이고, Ⓓ와 안으로 들어가게 개켜 꿰매고, 겉으로 뒤집어 스티치로 누른다.

⑥ 와펜을 만들고 포켓에 꿰매 붙인다.

⑦ 포켓 입구를 셋으로 접어 스티치를 하고, 아래쪽을 접어 Ⓔ에 꿰매 붙인다.

⑧ Ⓒ와 Ⓔ의 ◎ 표시를 맞추어 꿰맨다.

⑨ ⑧에 Ⓐ, Ⓑ를 각각 안으로 들어가게 개켜 맞추어 붙이고, 바닥을 십자모양으로 꿰매 밖으로 뒤집는다.

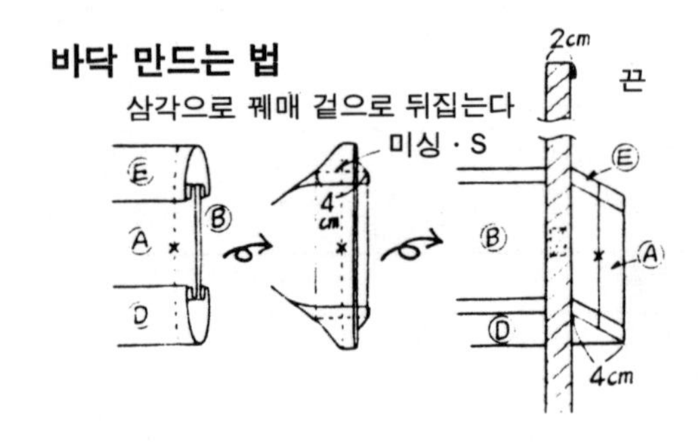

천 재단법

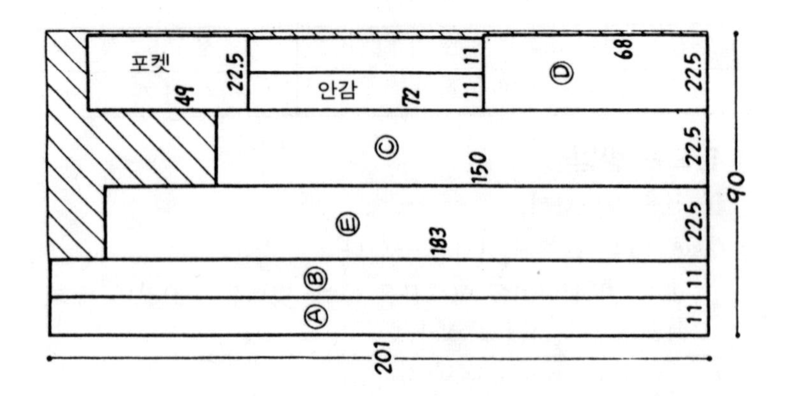

치수와 꿰매는 방법

※ (　)안의 꿰맴분을 붙여 재단하고
다른 1,2cm 붙여 재단한다.

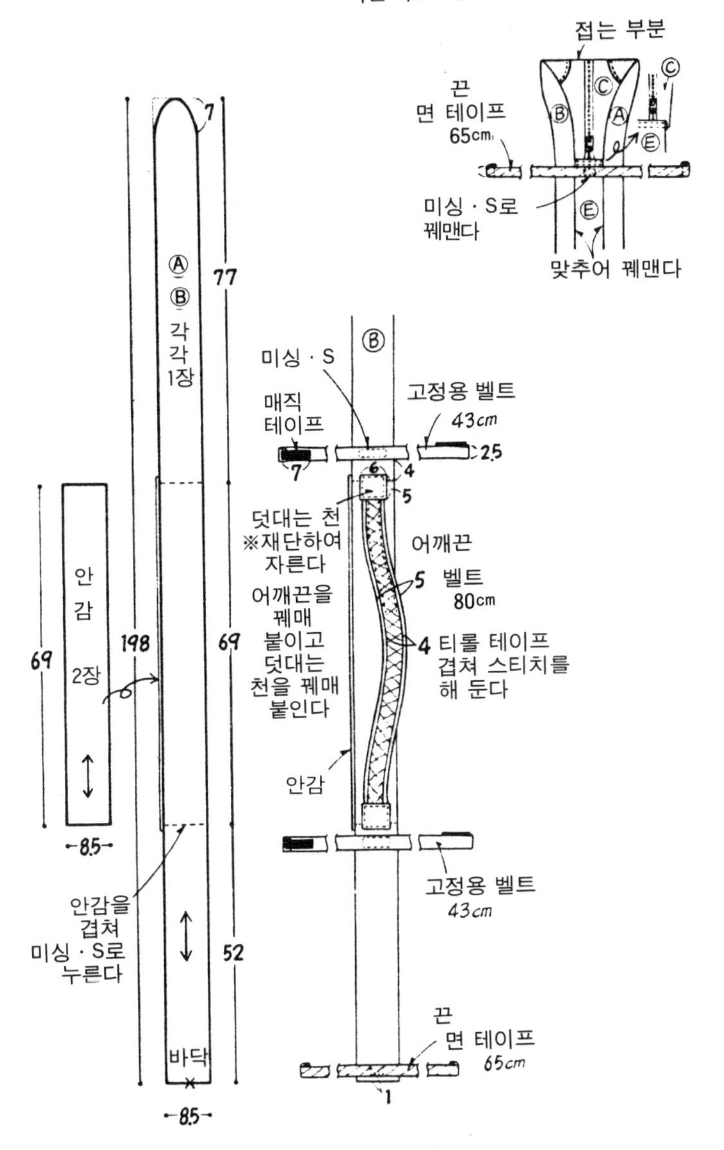

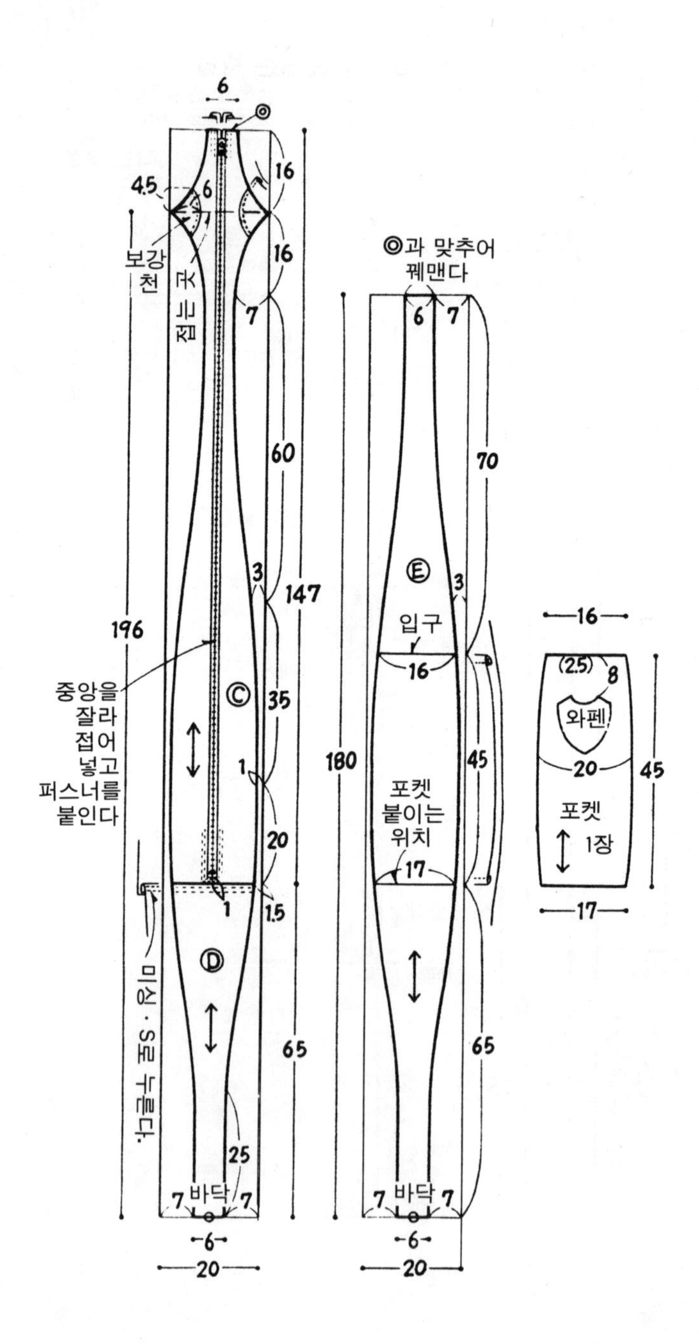
6
◎
16
4.5
6
보강 천
접는 곳
16
7
60
3
147
196
중앙을 잘라 접어 넣고 퍼스너를 붙인다
Ⓒ
35
1
20
1
1.5
Ⓓ
미싱 · S로 누른다.
65
25
7 바닥 7
6
20
◎과 맞추어 꿰맨다
6 7
70
Ⓔ
3
입구
16
180
45
포켓 붙이는 위치
17
65
7 바닥 7
6
20
16
(2.5)
8
와펜
20
45
포켓
1장
17

아프리케와 자수 도안 실물크기

※펠트 재단하여 자른다

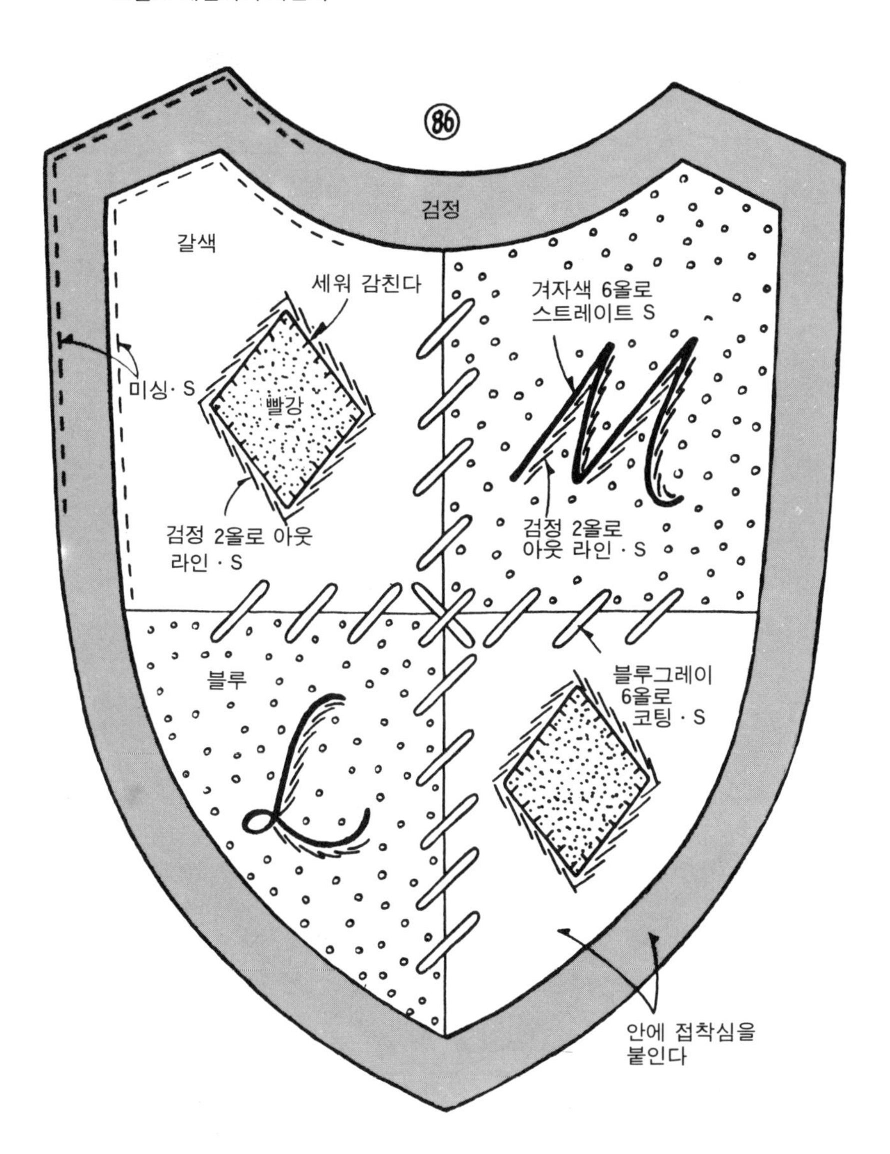

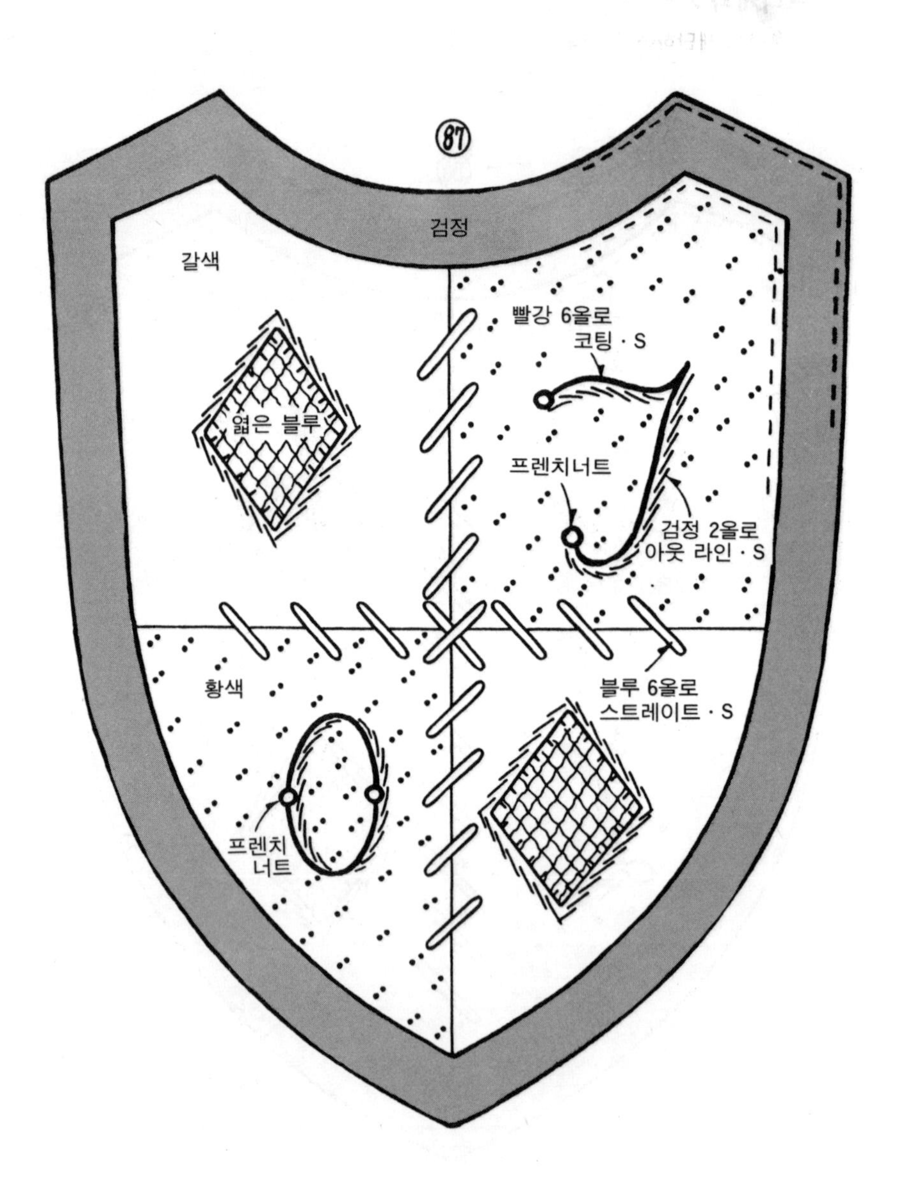

87
검정
갈색
빨강 6올로
코팅 · S
엷은 블루
프렌치너트
검정 2올로
아웃 라인 · S
황색
블루 6올로
스트레이트 · S
프렌치
너트

⑮⑯ 인형

재 료(단위 cm)

		⑮	⑯
시팅 90×35		엷은 갈색	물 색
펠 트	16×8	엷은 갈색	
	조금	빨강, 오렌지색	블루, 황색
직경 0.7cm의 빨강 버튼		각각 1개	
검정 비즈			2개
25번 자수실(배색표 참조)		각각 조금	
데트론면		각각 200g	
본드, 빰 빨강, 안전핀			

배색표

		⑮	⑯
몸통, 귀, 꼬리		엷은 갈색	물 색
귀		빨 강	블 루
꼬리			
얼굴		엷은 갈색	
25번 자수실	수 염	핑 크	오렌지색
	눈, 배 꼽	검 정	
	명찰의 문자	검 정	그 린
명 찰		오렌지색	황 색

만드는 방법

① 천을 재단한다.

② 몸통의 앞쪽에 얼굴, 꼬리에 줄무늬를 꿰매 붙인다.

③ 귀는 2장을 안으로 들어가게 개켜 꿰매 겉으로 뒤집고, 펠트를 본드로 붙인다.

④ 몸통 · 꼬리를 각각 안으로 들어가게 개켜(몸통에 귀를 끼운다) 맞추어 붙이고, 겉으로 뒤집어 솜을 넣어 입구를 막는다.

⑤ 버튼, 비즈, 자수로 표정을 만들고, 명찰을 만들어 붙인다.

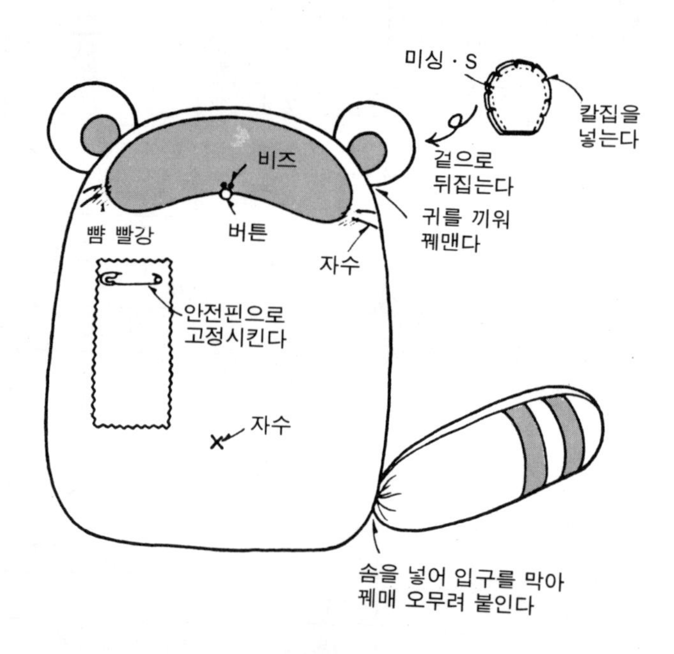

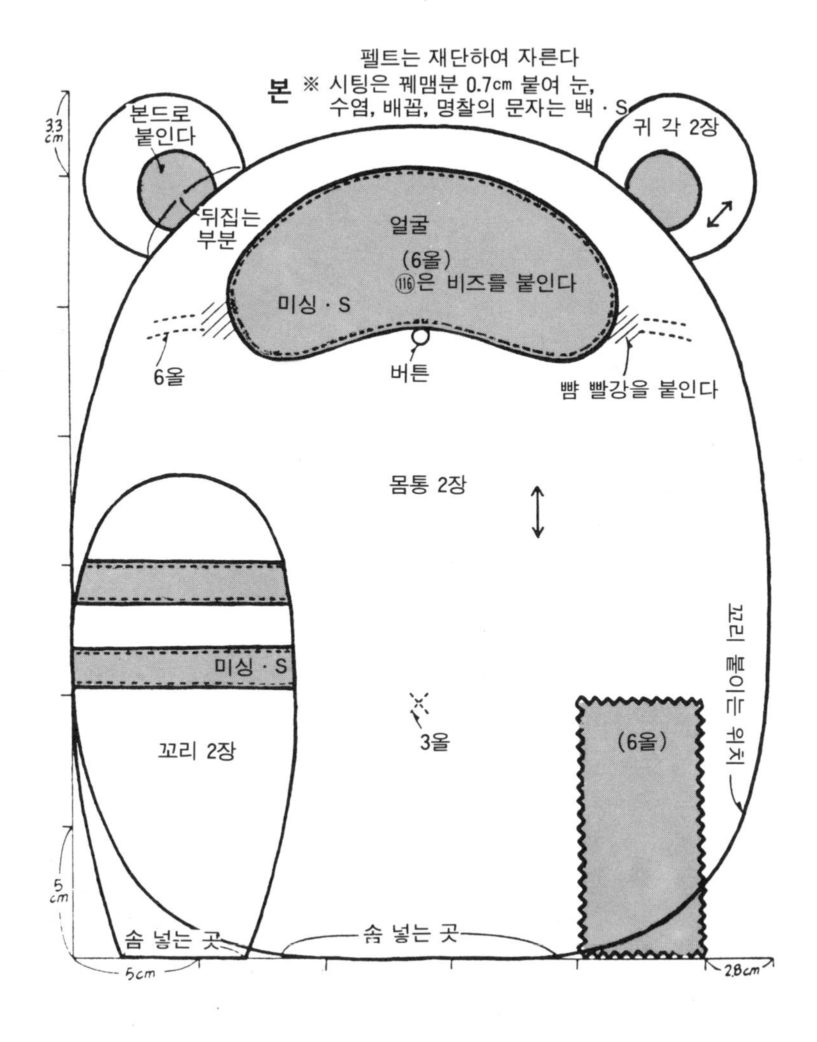
펠트는 재단하여 자른다
본
※ 시팅은 꿰맴분 0.7cm 붙여 눈,
수염, 배꼽, 명찰의 문자는 백 · S
3.3 cm
본드로
붙인다
귀 각 2장
뒤집는
부분
얼굴
(6올)
⑯은 비즈를 붙인다
미싱 · S
6올
버튼
뺨 빨강을 붙인다
몸통 2장
미싱 · S
꼬리 2장
3올
(6올)
꼬리 붙이는 위치
5 cm
솜 넣는 곳
솜 넣는 곳
5cm
2.8cm

㉟ 모자

만드는 방법

① 천을 재단한다(크라운은 천을 안으로 들어가게 개켜 각각 재단해도 좋다).

② 만나는 표시를 맞추어 크라운 A, B～A′ 6장을 그림과 같이 맞추어 꿰매고, 꿰맴분을 나누어 0.3㎝ 되는 곳에 스티치를 한다.

③ 앞브림, 뒷브림 모두 바이어스 테이프로 파이핑하고, 크라운과 안으로 들어가게 개켜 맞추어 꿰맨다.

④ 그로그란 리본을 둥글게 하여 원 사이즈에 꿰매 붙이고, 위에서부터 스티치한다.

⑤ 끈을 만들어 뒷브림 끝에 붙인다.

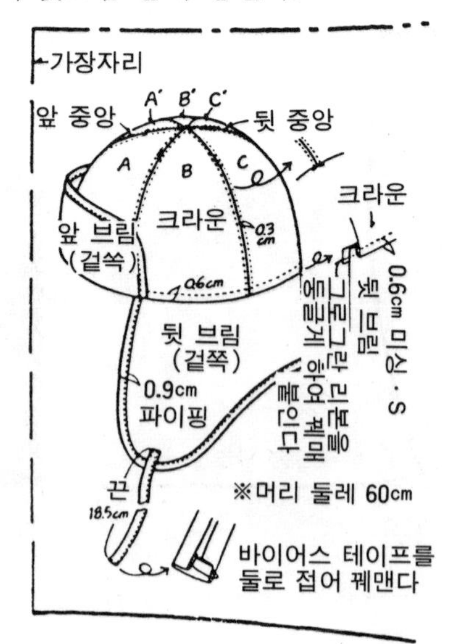

재 료(단위 cm)

코팅 가공한 퀼팅지	92×40
폭 1.8cm의 감색 바이어스 테이프	170cm
폭 1.5cm의 검정 그로그란 리본	62cm

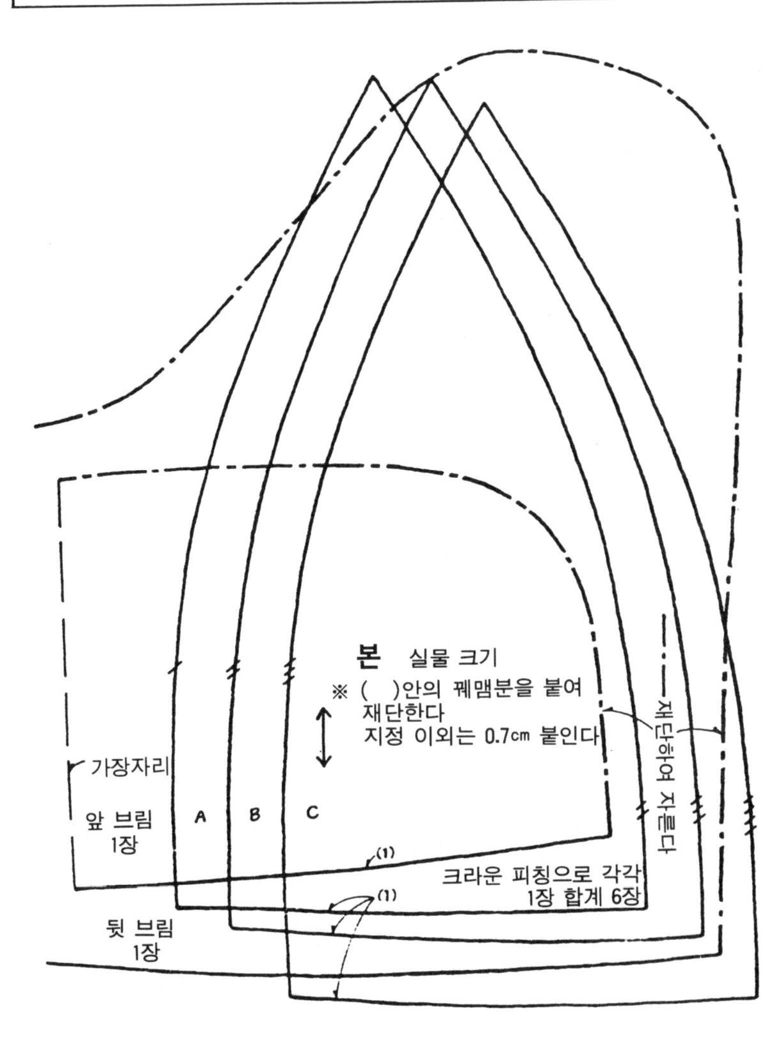

⑩② ~ ⑩⑤ 데이백

재　료(단위 cm)

	⑩②	⑩③	⑩④	⑩⑤
캠버스　90×60	빨강	황색	블루	그　　린
캠버스(배색천) 30×25	블루	그린	황색	오렌지색
17cm의 퍼스너　1개	빨강	황색	블루그린	그　　린
직경 0.6cm의 생면 코드	각각 180cm			
직경 1cm의 링	각각　1개			

치수와 꿰매는 방법

※ ( )안의 가장자리를 만들어 누빈다.

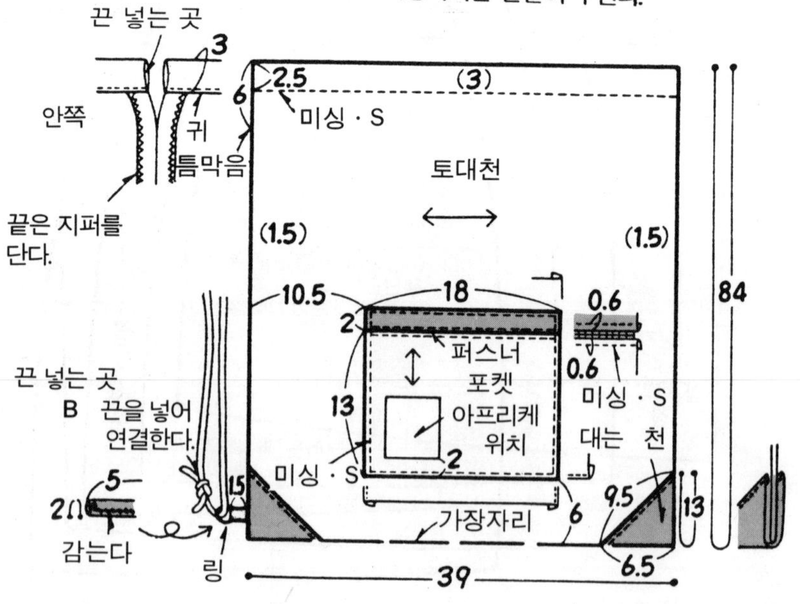

아프리케 도안

실물크기　※ 0.5㎝의 꿰맴분을 붙여 재단하고 꿰맴분에는 칼집을 넣는다

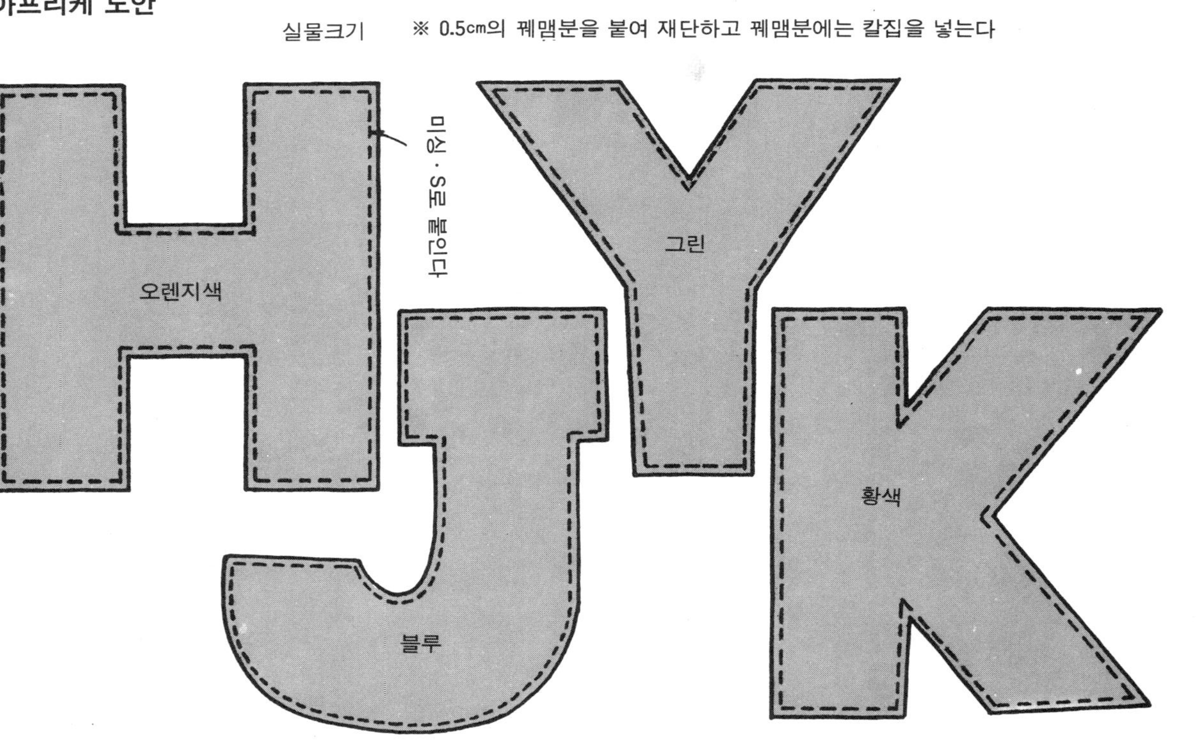

만드는 방법

① 천을 재단하여 끝을 지그재그 꿰매기로 정리한다.

② 토대천에는 덧대는 천을 꿰매 붙이고, 포켓 지정 위치에 아프리케한다.

③ 포켓 입구에 퍼스너를 붙인다.

④ 지정 위치에 포켓을 꿰매 붙인다.

⑤ 토대천을 안으로 들어가게 개켜 끈 넣을 곳 B를 끼우고, 틈을 남겨 두고 끈 넣을 곳 A를 만든다.

⑥ 끈 넣는 곳 A, B에 넣어 그림과 같이 고리에 연결시킨다.

⑱⑲ 마스코트 토끼

재 료(단위 cm) ⑱ ⑲

		⑱	⑲
바디·귀(대)	시팅 20×10	마전하지않은무명	로즈 핑크
펠트 조금	귀(소)	코코아색	블루
	코	빨강	빨강
	인삼	오렌지색	토마토레드
	인삼의 잎	그린	엷은 그린
25번 자수실 각각 조금		파랑, 검정	황색, 검정
수염	40번 레이스사 각각 조금	빨강	검정
꼬리	중간 굵기 모사 각각 조금	흰색	핑크
늘어트릴끈	칼라 고무 26cm	황색	물색
눈	비즈(소) 각 2개	검정	검정
솜, 싹, 본드, 빰 빨강			

본 실물 크기

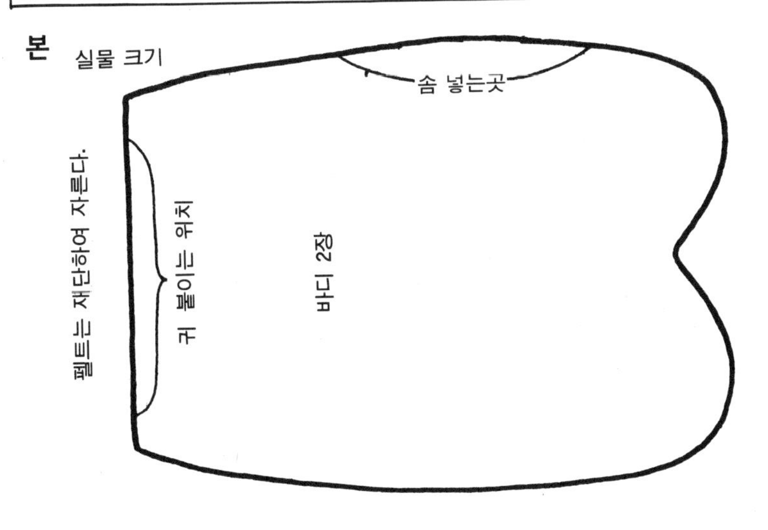

※시티은 0.5cm의 꿰맴분을 붙여 재단한다.

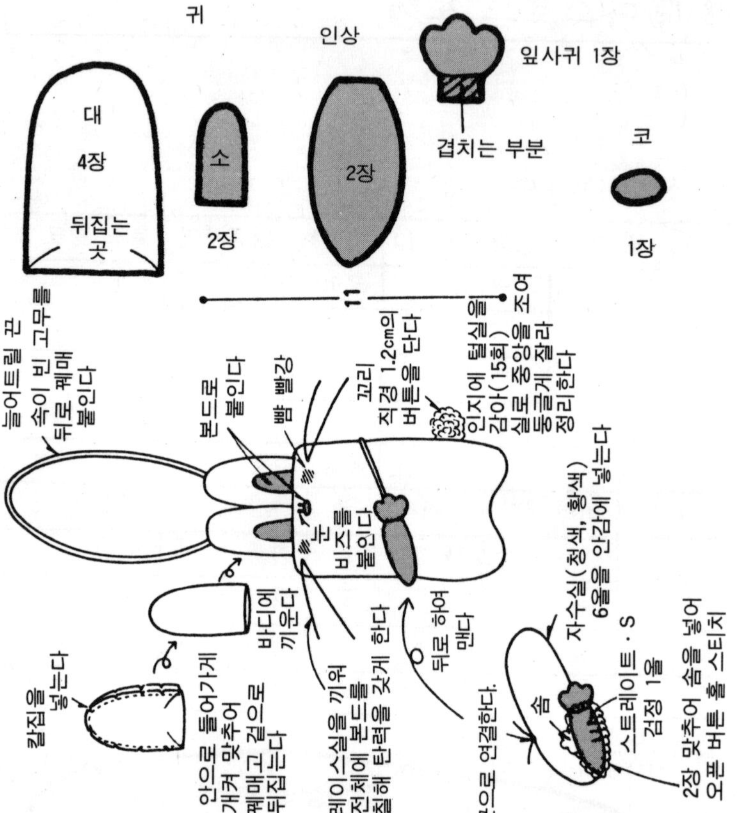

만드는 방법

① 천을 재단한다.

② 귀를 안으로 들어가게 개켜 맞추어 꿰매고, 겉으로 뒤집는다.

③ 바디를 겉으로 들어가게 개켜 맞추어 귀를 넣어 꿰매고, 겉으로 뒤집어 아래에 솜을 넣어 막는다.

④ 인삼을 만들고 자수실을 꿰어 바디에 붙인다.

⑤ 얼굴 표정을 내고 귀(소)를 붙이고, 꼬리의 방울을 만들어 붙이고, 늘어트리는 끈도 붙인다.

⑫③⑫④ 백

만드는 방법

① 천을 재단한다. 장식천 Ⓐ에는 접착심을 붙인 뒤 재단한다.

② 양끝에 D 고리를 넣은 벨트를 토대천 중앙에 붙이고, 장식천 Ⓐ, Ⓑ를 각각 꿰매 붙인다.

③ 퍼스너를 붙이고 윗 바대, 아래 바대를 안으로 들어가게 개켜 X표시를 맞추어 꿰매고, 겉으로 뒤집어 스티치로 누른다.

④ 바대와 앞쪽, 뒷쪽 △, ◎표시가 안으로 들어가게 개켜 맞추어 꿰매고, 겉으로 뒤집는다.

⑤ 어깨끈, 손잡이를 만들어 각각 고리에 붙인다.

⑥ 앞에 버튼을 단다.

치수와 꿰매는 방법

※ 0.7cm의 꿰맴분을 붙여 재단한다

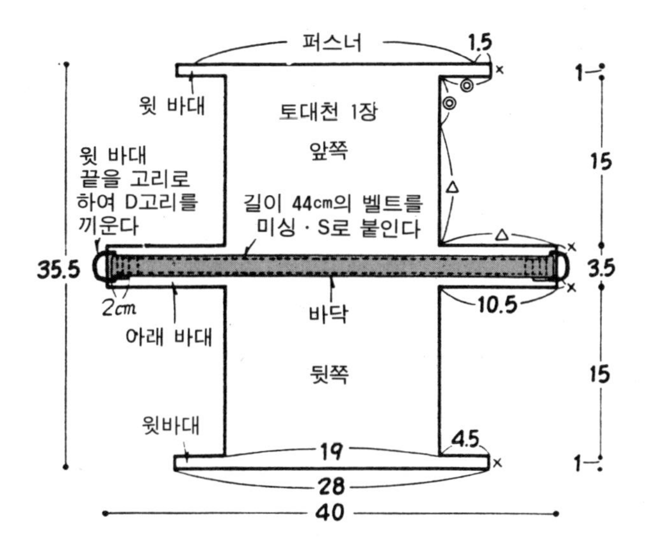

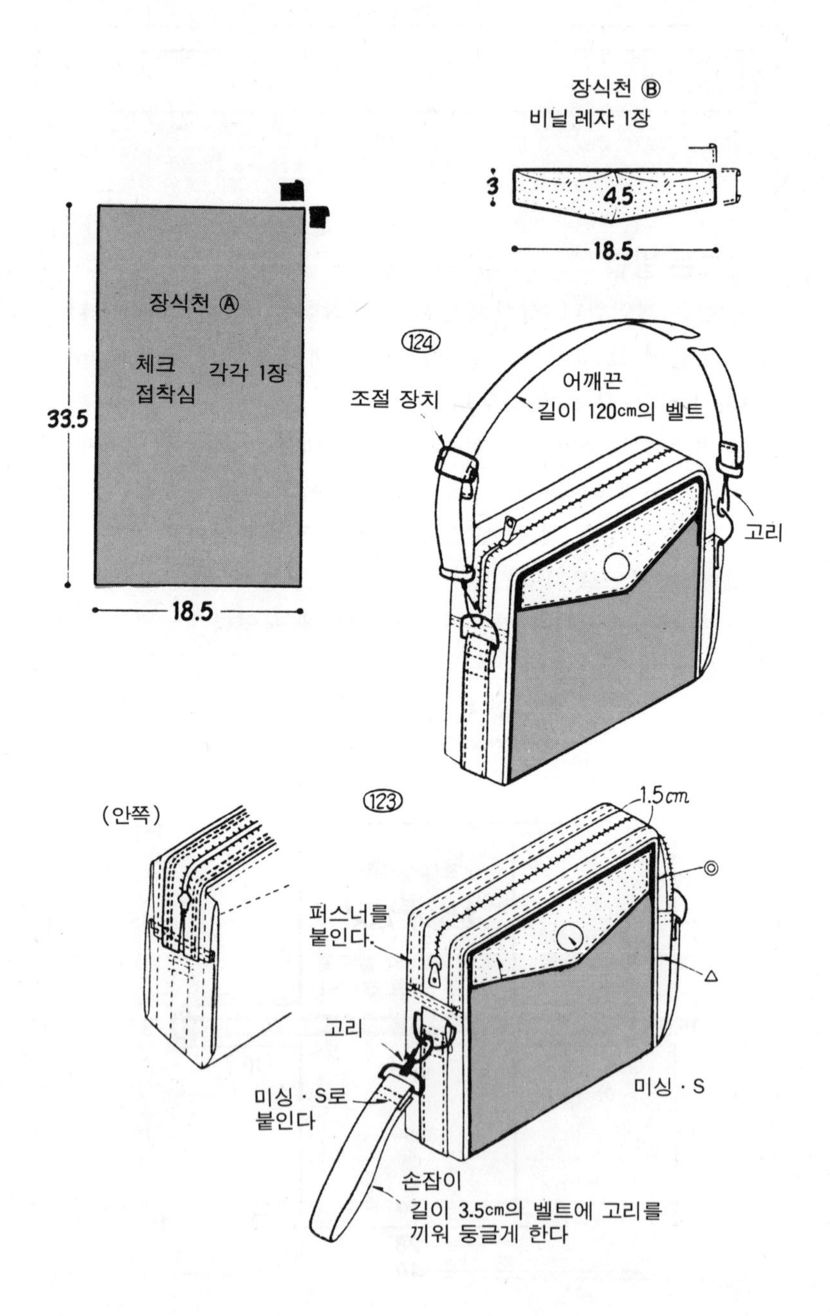
장식천 Ⓑ
비닐 레자 1장
3
4.5
18.5
장식천 Ⓐ
체크
접착심
각각 1장
33.5
18.5
124
조절 장치
어깨끈
길이 120cm의 벨트
고리
(안쪽)
123
1.5cm
◎
퍼스너를
붙인다
△
고리
미싱 · S로
붙인다
미싱 · S
손잡이
길이 3.5cm의 벨트에 고리를
끼워 둥글게 한다

재 료(단위 cm)

			⑫③	⑫④
토대천	나일론천	42×38	모스그린	
	Ⓐ 울체크	20×35	파 랑	빨 강
	Ⓑ 비닐 레쟈	20×7	검 정	
25cm의 퍼스너 각각 1개			검 정	빨 강
폭 1.8cm의 검정 나일론 벨트			79cm	164cm
접착심			각각 18.5×33.5	
직경 2cm의 메탈 버튼			각각 1개	
D 고리			각각 2개	
고리			1개	2개
조절 장식				1개

⑪⑦ 기타 케이스

만드는 방법

① 천을 재단하여 양끝을 지그재그 꿰매기로 정리한다.

② 아프리케하고 끈걸이를 꿰맨다.

③ 측면 2장을 안으로 들어가게 개켜 맞추고, 누름끈 끈걸이를 끼워 넣고, 끈 넣을 구멍을 남기고 맞추어 꿰맨다.

④ 틈막음 주위에 미싱·S를 하고 접어 뒤집어 끈 넣을 곳을 꿰맨다.

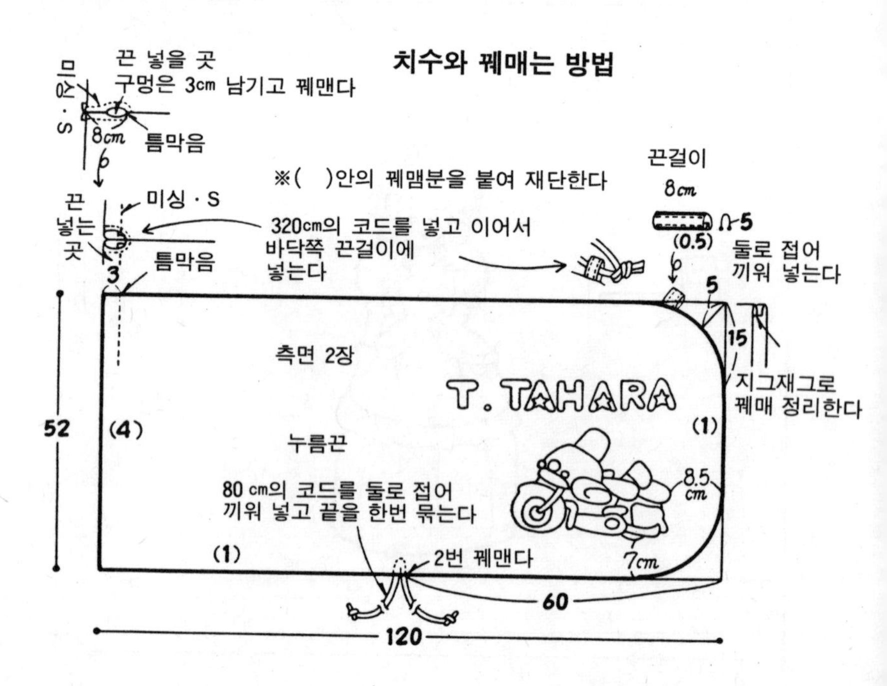

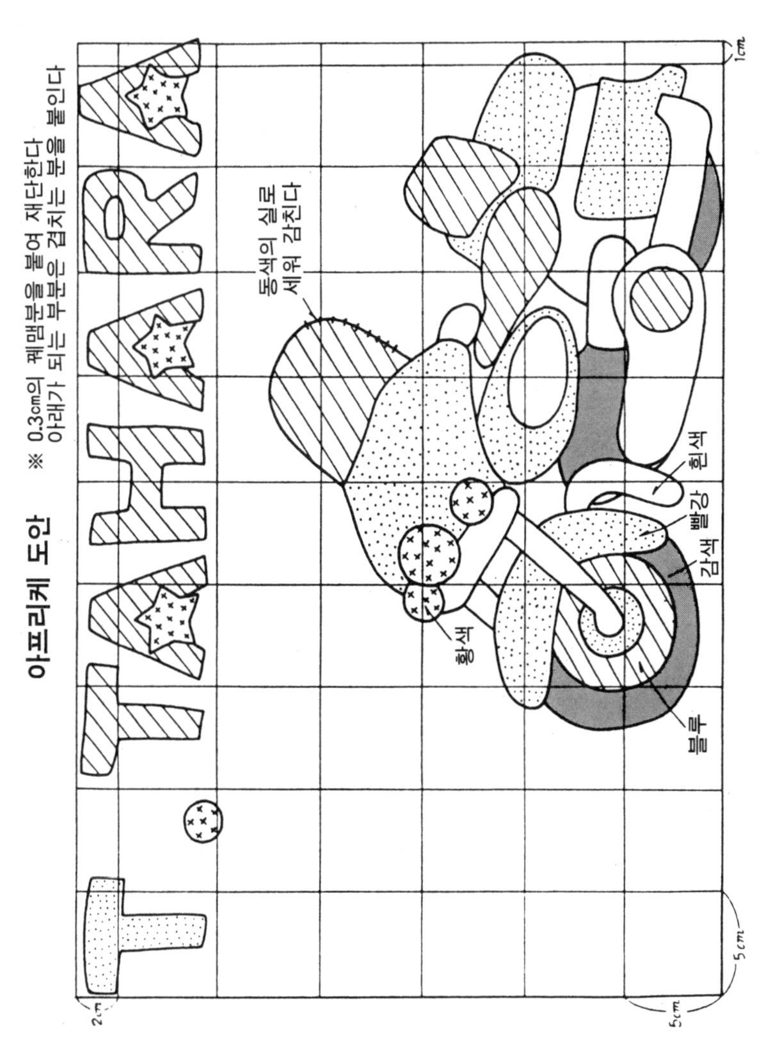

재 료(단위 ㎝)

측면 끈걸이	바바리	그레이 60×250
아프리케용 목면		블루 50×20, 감색, 빨강, 황색, 흰색 각각 조금
직경 0.5㎝의 블루 면 코드		400㎝

⑫⑦⑫⑧ 인형 쿠션

만드는 방법

① 천을 재단한다.

② 하트를 안으로 들어가게 개켜 맞추어 꿰매고, 겉으로 뒤집어 바디에 미싱 · S로 꿰매 붙인다.

③ 손, 귀, 꼬리를 안으로 들어가게 개켜 솜 넣을 곳, 뒤집을 곳을 남기고 꿰매 맞추어 각각 겉으로 뒤집는다.

④ 바디를 안으로 들어가게 개켜 맞추고, 귀, 손을 끼워 넣어 꿰매 맞추어 겉으로 뒤집는다.

⑤ 바디, 꼬리에 솜을 넣고 솜 넣은 곳을 막는다.

⑥ 코를 붙이고 입, 눈을 자수로 놓는다.

꼬리를 붙이고 좌우의 손을 붙인다

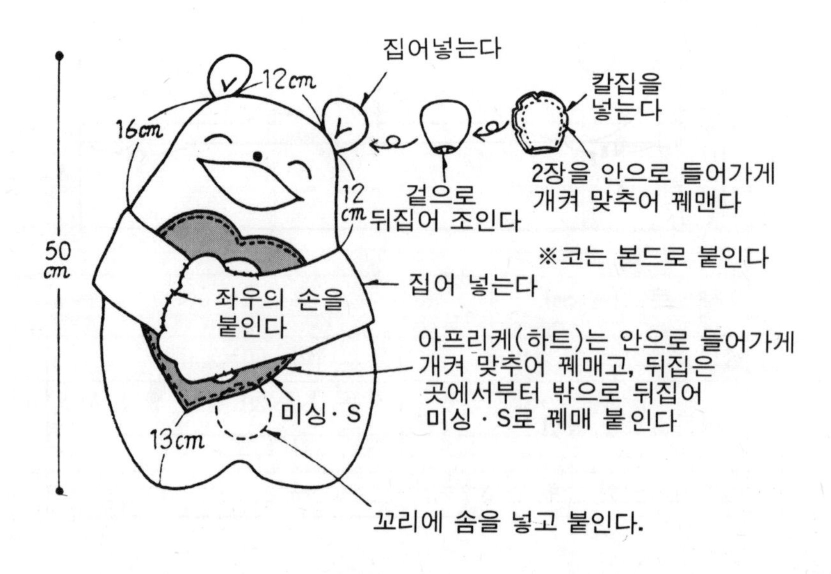

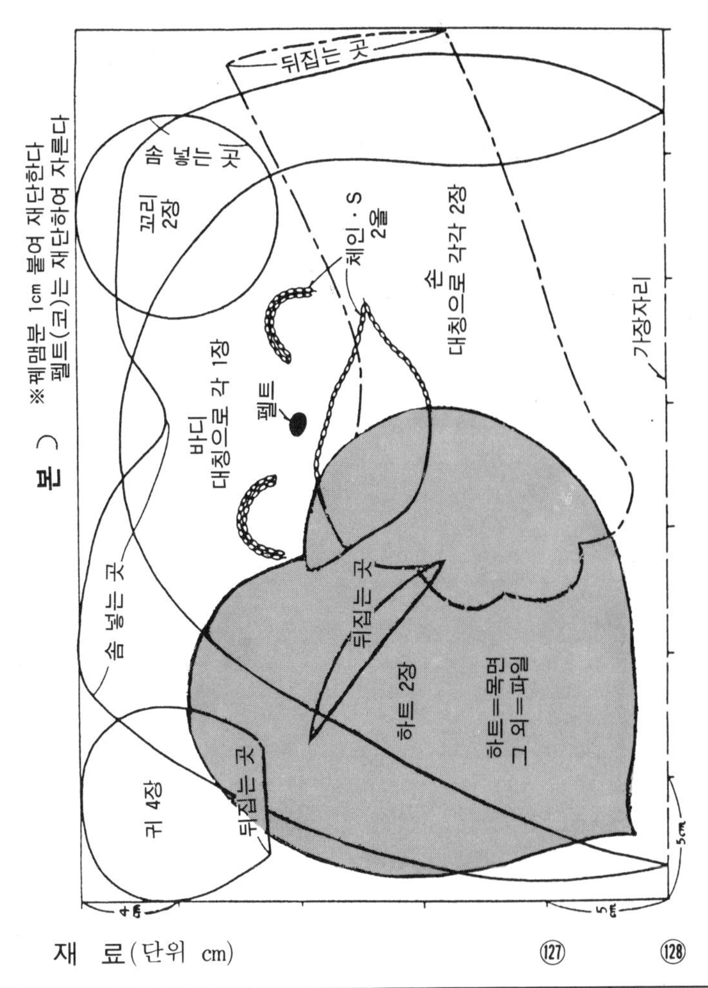

재 료(단위 cm) ⑫⑦ ⑫⑧

바디, 손, 발, 귀, 꼬리	파일 90×80	황 색	오렌지색
하트(아프리케)	목면 44×22	모 란 색	
코	펠트 조금	그 레 이	
코튼사(자수사용) 조금	눈	커피 브라운	
	입	빨 강	
데트론 솜 각각 280g, 본드			

홈 패 션

2012년 5월 25일 인쇄
2012년 5월 30일 발행

지은이/ 편 집 부 편
펴낸이/ 최 상 일
펴낸곳/ 태 을 출 판 사

서울특별시 중구 신당6동 52-107(동아빌딩내)
등록/1973년 1월 10일(제4-10호)

*잘못된 책은 구입하신 곳에서 교환해 드립니다.

■ 주문 및 연락처
우편번호 100-456
서울특별시 중구 신당6동 52-107 (동아빌딩 내)
전화 / 2237-5577 팩스 / 2233-6166

ISBN 89-493-0403-1 03480